"十三五"国家重点图书出版规划项目

中国创新设计发展战略研究丛书

Materials and Innovative Design

材料创新设计

主编　薛群基

副主编　张　弛　王雪珍　应华根

ZHEJIANG UNIVERSITY PRESS
浙江大学出版社

图书在版编目（CIP）数据

材料创新设计 / 薛群基主编. — 杭州 ： 浙江大学
出版社，2018.4
ISBN 978-7-308-18014-6

Ⅰ．①材… Ⅱ．①薛… Ⅲ．①材料－设计 Ⅳ.
①TB3

中国版本图书馆CIP数据核字(2018)第037643号

材料创新设计

薛群基　主编

张　弛　王雪珍　应华根　副主编

策　　划	徐有智　许佳颖	
责任编辑	张凌静	
责任校对	沈炜玲　陈静毅	
装帧设计	程　晨	
出版发行	浙江大学出版社	
	（杭州市天目山路148号　　邮政编码　310007）	
	（网址：http://www.zjupress.com）	
排　　版	杭州林智广告有限公司	
印　　刷	浙江印刷集团有限公司	
开　　本	710mm×1000mm　1/16	
印　　张	12.5	
字　　数	186千	
版 印 次	2018年4月第1版　2018年4月第1次印刷	
书　　号	ISBN 978-7-308-18014-6	
定　　价	68.00元	

编　委　会

序

　　设计是人类有目的的创新实践活动的设想、计划和策划，是将信息、知识、技术和创意转化为产品、工艺装备、经营服务的先导和准备，决定着制造和服务的品质和价值。设计推动了人类文明的进步，经历了农耕时代传统设计和工业时代现代设计的进化，正跨入创新设计的新阶段。创新设计是一种具有创意的集成创新与创造活动，它面向知识网络时代，以产业为主要服务对象，以绿色低碳、网络智能、共创分享为时代特征，集科学技术、文化艺术、服务模式创新于一体，并涵盖工程设计、工业设计、服务设计等各类设计领域，是科技成果转化为现实生产力的关键环节，正有力支撑并引领新一轮的产业革命。

　　当前，我国经济已经进入由要素驱动向创新驱动转变，由注重增长速度向注重发展质量和效益转变的新常态。"十三五"是我国实施创新驱动发展战略，推动产业转型升级，打造经济升级版的关键时期。我国虽已成为全球第一制造大国，但企业的设计创新能力依然薄弱。大力发展创新设计，对于全面提升我国产业的国际竞争力和国家竞争力，提升我国在全球价值链上分工的地位，推动"中国制造向中国创造转变、中国速度向中国质量转变、中国产品向中国品牌转变"，具有重要的战略意义。

　　2013年8月，中国工程院启动了"创新设计发展战略研究"重大咨询项目，组织近20位院士、100多位专家，经过广泛调查和深入研究，形成了阶段性的研究成果，并向国务院递交了《关于大力发展创新设计的建议》，得到了党和国家领导人的高度重视和批示。相关建议被纳入"中国制造2025"，成为国家创新驱动发展战略的重要组成部分。

　　"创新设计发展战略研究"项目组的部分研究成果，经过进一步的整理深化，汇集成为"中国创新设计战略发展研究"丛书。希望该套丛书的出版，能够在全社会宣传创新设计理念、营造创新设计氛围，也希望有更多的专家学者深入探讨创新设计理论和实践经验。期待设计界同仁和社会各方团结合作，创新开拓，为中国创新设计、中国创造、人类文明的共同持续繁荣和美好未来开启新的篇章。

2018 年 4 月 5 日

前　言

设计是人类有目的的创新实践活动的先导和准备，而材料是人类生产各种所需产品不可缺少的物质基础。人类改造世界的创造性活动，是通过设计并利用材料来创造各种产品才得以实现的。材料为设计奠定了物质基础，使得概念和数据形态的设计方案能以实体形式呈现出来。另一方面，依托设计，原料形态的材料才能被组织成人们所需要的有用形态。材料和设计相互依存，相互促进，随着人类需求的不断提高而向前发展，推动时代的进步和人类文明的进化。

随着知识网络经济的发展，全球信息网络物理环境条件已对设计产生深刻的影响，从设计到制造的沟通和交流、模式与结构发生了巨大变革。制造者、用户、行销、运行服务者可以依靠无时无处不在的无线互联网、云计算、大数据、物联网、3D+X打印和智能终端等先进的信息基础设施，构建公平公正、普惠高效的设计创新环境。传统的设计已经进入创新设计的新时代，它以绿色低碳、网络智能、超常融合、共创分享为特征，集科学技术、文化艺术、服务模式的创新于一体，以产业为主要服务对象，是科技成果转化为现实生产力的关键环节，正有力支撑并引领新一轮产业革命。

2013年8月，中国工程院启动了"创新设计发展战略研究"重大咨询项目，组织近20位院士、100多位专家进行研究。经过两年多的广泛调研和深入研究，项目研究取得了重要成果。项目组提出的"大力发展创新设计的建议"得到了党中央和国务院的高度重视，在国内外制造业界引起了强烈反响；"提升创新设计能力"作为国家创新驱动发展战略的重要组成部分和提高中国制造业创新能力的重要举措，已经列入了《中国制造2025》国家战略规划。

鉴于材料对于设计具有无法替代的重要作用，"材料创新设计"研究成为"创新设计发展战略研究"重大咨询项目中的一个重要课题。该课题组织了近 50 位院士和专家，历时两年对我国材料创新设计进行了深入研究，最终将研究成果集结成书。

本书包括"创新设计与材料的关系""材料是创新设计的物质基础""创新设计是材料的发展引擎""从材料到器件：创新研制的融合发展"、"材料创新设计路线图"以及"材料创新设计发展与展望"六个章节，明确提出材料的设计、构件的设计乃至系统的设计将和整个制造充分融合，形成一体化、数字化、智能化、网络化的发展趋势。在材料、设计和制造三者的关系中，设计是核心、是灵魂，材料是基础，制造是关键和保障。设计以社会需求为根本出发点，促进科技与文化的结合，加速新材料的研发、制造和应用，实现产品使用价值与文化价值的有机统一。设计将催生新技术、新工艺、新产品，满足新需求。因此，在知识网络时代，设计在支撑材料发展的同时，也将引领材料的创新与发展。

本书根据社会需求的演变与创新设计的特点，重点选择与我们未来社会发展和人类需求紧密相关的新型结构材料、信息材料、能源与环境材料、生物医用材料、碳基复合材料、超常材料等绿色、智能、环境友好、可循环利用材料进行分析；本着"材要成器，器要好用"的理念，围绕国家重大战略和重大工程，使用先进的创新设计和工艺，形成提升中国制造业创新水平、提高人们生活质量、改变民众生活方式的创新性材料、器件和产品，编制出材料创新设计的路线图，以期能够为各级政府科学决策，制定发展规划和各项政策提供有益参考；对企业制定发展战略和提升自主创新设计能力有所帮助。

本书在编写过程中，得到了来自政产学研用的专家学者的积极关注、参与和支持，尤其是来自中国工程机械学会、中国科学院武汉文献情报中心、装甲兵工程学院、西北工业大学、北京航空航天大学、浙江大学、上海交通大学、同济大学等单位的专家、研究团队的支持。感谢他们给予的全力支持及所做出的重要贡献；衷心感谢中国工程院对创新设计战略咨询项目多年来给予的经费支持和研究帮助。浙江大学出版社对本书的出版充分重视，责任编辑对书稿做了细致、专业的审校，在此一并表示衷心的感谢。

由于编著者水平有限，错误疏漏之处在所难免，敬请读者批评指正。

目 录
CONTENTS

第1章 创新设计与材料的关系

1.1 创新设计的内涵与作用 / 3

　　1.1.1 创新设计引领新产业革命 / 5

　　1.1.2 创新设计打造企业核心竞争力 / 5

1.2 创新设计与材料关系的历史演变 / 7

　　1.2.1 农耕时代：传统设计与材料的关系 / 8

　　1.2.2 工业时代：现代设计与材料的关系 / 11

　　1.2.3 知识网络时代：创新设计与材料的关系 / 16

参考文献 /19

第2章 材料是创新设计的物质基础

2.1 材料在创新设计中的角色 / 23

2.2 材料的感知特性 / 24

　　2.2.1 材料的视觉特性 / 26

　　2.2.2 材料的触觉特性 / 33

2.3 材料的功能特性 /38

　　2.3.1 材料的力学特性 / 40

　　2.3.2 材料的光学特性 / 42

　　2.3.3 材料的能量转换特性 / 45

　　2.3.4 材料的生物学特性 / 48

2.4 材料的资源经济性 / 51

　　2.4.1 材料的绿色环保特性 / 52

　　2.4.2 材料的能源经济特性 / 54

　　2.4.3 材料的资源节约特性 / 57

参考文献 /60

第3章 **创新设计是材料的发展引擎**

3.1 创新设计对新材料的需求　/ 65

3.1.1 创新设计对轻量化材料的需求　/ 67

3.1.2 创新设计对新能源材料的需求　/ 69

3.1.3 创新设计对环境材料的需求　/ 73

3.1.4 创新设计对智能材料的需求　/ 74

3.2 创新设计对材料的推动　/ 75

3.2.1 材料创新设计的国内外现状　/ 75

3.2.2 创新设计下的材料发展　/ 81

参考文献　/85

第4章 **从材料到器件：创新研制的融合发展**

4.1 创新研制是创新设计、新材料与制造的深度融合　/ 91

4.2 创新研制中的创新设计技术　/ 92

4.3 创新研制中的设计新思路　/ 94

4.3.1 生物制造　/ 94

4.3.2 分子机器　/ 98

4.3.3 虚拟现实　/ 100

4.4 创新研制中的设计新工具　/ 103

4.4.1 标准化为"材料—器件"商业化制造扫清障碍　/ 104

4.4.2 材料特性数据库为"材料—器件"制造过程提供保障　/ 104

4.4.3 仿真模拟技术为"材料—器件"提供了研究模型　/ 106

4.5 创新制造对创新设计的影响　/ 109

4.5.1 3D 打印技术可带来设计理念的改变　/ 109

4.5.2 3D 打印技术将会给工业模式设计带来变革 / 110

4.5.3 3D 打印技术是将创新设计转化为实物的有效途径 / 110

4.5.4 3D 打印技术颠覆了传统的制造设计模式 / 111

4.5.5 3D 打印技术将为特殊场合的装备设计带来变革 / 113

参考文献 /115

第5章 材料创新设计路线图

5.1 高性能结构材料创新设计路线图 / 121

    5.1.1 现状及态势分析 / 121

    5.1.2 创新发展路径 / 125

5.2 信息材料创新设计路线图 / 127

    5.2.1 现状及态势分析 / 127

    5.2.2 创新发展路径 / 130

5.3 生物医用材料创新设计路线图 / 133

    5.3.1 现状及态势分析 / 133

    5.3.2 创新发展路径 / 136

5.4 能源与环境材料创新设计路线图 / 139

    5.4.1 现状及态势分析 / 139

    5.4.2 创新发展路径 / 142

5.5 碳材料及其复合材料创新设计路线图 / 145

    5.5.1 现状及态势分析 / 145

    5.5.2 创新发展路径 / 148

5.6 超常环境材料创新设计路线图 / 151

    5.6.1 现状及态势分析 / 151

    5.6.2 创新发展路径 / 154

5.7 海洋工程材料创新设计路线图 / 157

5.7.1 现状及态势分析 / 157

5.7.2 创新发展路径 / 160

参考文献 /163

第6章 材料创新设计发展与展望

6.1 国际材料创新设计发展状况 / 167

6.1.1 美国：建设国家制造业创新网络、实施材料基因组计划 / 167

6.1.2 欧盟及其成员国：启动面向未来创新设计计划、实施"冶金欧洲"计划 / 170

6.1.3 日韩：注重发展模式的转变 / 173

6.1.4 俄罗斯：出台新的材料科技发展战略 / 174

6.2 我国材料创新设计未来展望 / 174

6.2.1 先进基础材料 / 175

6.2.2 关键战略材料 / 175

6.2.3 前沿新材料 / 175

6.2.4 未来发展建议 / 176

参考文献 /181

索　引 /185

第1章

创新设计与材料的关系

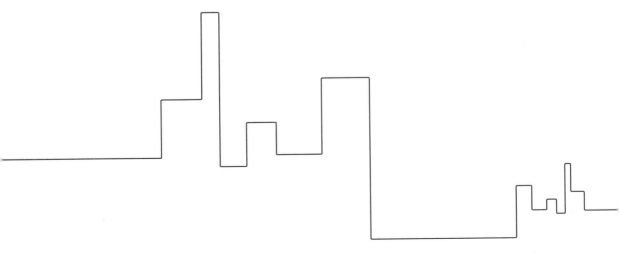

设计是人类有目的的创造性实践活动的先导，而材料既是人类生产各种产品不可缺少的物质基础[1,2]，也是设计的根本依托，更是创新设计的催化剂。人类改造世界的创造性活动，是通过设计并利用材料来创造各种产品才得以实现的。材料为设计奠定了物质基础，使停留在思维层面的概念和设计方案能够以实体形式呈现出来。另一方面，依托设计，原材料才能被构建成人们所需要的有用形态。

材料以其自身的特性影响着设计，不仅影响产品的成型效果，而且能通过自身特性满足产品功能的要求。任何一种创新设计，只有与选用材料的性能特点相一致，才能实现设计的目的，达到要求。每一种新材料的出现和性能改进都会为设计实施的可行性创造条件，并对设计提出更高的要求，给设计带来新的飞跃，出现新的设计风格，产生新的功能、新的结构和新的形态。而人类无时无刻不断涌现的新设计构思、新产品功能也要求有相应的材料来实现，这就对材料提出了新的要求，由此促进材料永不止息地发展与创新[3]。

1.1 创新设计的内涵与作用

创新设计是一种具有创意的集成创新与创造活动，它面向知识网络时代，以产业为主要服务对象，以绿色低碳、网络智能、共创分享为时代特征，集科学技术、文化艺术、服务模式创新于一体，并涵盖工程设计、工业设计、服务设计等各类设计领域，是科技成果转化为现实生产力的关键环节，正有力支撑和引领着新一轮的产业革命。

创新设计，以满足人们的物质、精神需求和生态环保要求为目标，追求个人、社会、人与自然的和谐、协调可持续发展。随着文明进化，人们的消费观念、文化理念、生活与生产方式随之改变，设计从注重对材料和技术的利用、功能的优化，上升为对美的追求，人性化、个性化、多样化的用户体验，以及对人文道德、生态环境的关怀。因此，创新设计不仅可赋予产品和服务更丰富的物质、心理和文化内涵，满足和引领市场和社会需求，而且还能创造和引领人的精神需求，创造美好生活，促进社会和谐文明。

创新设计在提升个人、企业和国家核心竞争力，推进"中国制造"向"中国创造"的历史跨越，建设创新型国家目标中发挥着关键的作用。没有"创新设计"作为创新驱动发展的支柱，科技创新将不可能转化、扩散成为市场需要的产品和服务。没有"创新设计"的推动，我国大量的设计师队伍仍将停留在20世纪传统工业经济框架下的设计范式和思维中，无法适应知识网络经济时代的发展需要。具体来说，创新设计的价值与作用主要体现在以下方面。

（1）创新设计是推进原始创新、引进消化吸收再创新及自主集成创新的关键环节，是优化产品和产业结构，推动传统技术产业改造和转型升级的必要条件，是引领中国制造从跟踪模仿走向自主创新，从代工制造走向设计制造和品牌制造的必由之路。

（2）创新设计将大大地提升中国制造的质量和效率，提升节能、降耗、减排的水平，促进资源清洁高效循环利用、优化能源结构、修复生态环境，实现绿色低碳的可持续发展模式。

（3）创新设计将促进信息化、网络化、工业化、城镇化和现代化的深度融合，实现智能化、个性化、定制化的制造与服务。

（4）创新设计将提升卫生、文化、教育、体育、交通、物流等公共与商业服务水平，增强国家和社会安全保障能力。

（5）创新设计将推进教育改革，培养更多优秀创新创业人才，形成全社会共同重视和激励创意、创造、创新的共识，提升政产学研协同创新的能力。

（6）创新设计将提升国家文化的软实力和产业竞争力，满足和引领人类的物质和精神需求，创造美好生活，促进社会和谐文明，为人类的繁荣进步做出贡献。

1.1.1　创新设计引领新产业革命

设计制造可以追溯到新石器时代。人们利用天然的材料，主要依靠劳动中的经验传承，以手工艺创造制作生产和生活基本产品，其中众多遗存至今的产品为后世所称颂，表现出人类在自身生存发展过程中具有的无限想象力和创造力。中国古代设计创造长期处于世界前列，并且由丝绸之路传播到亚洲、欧洲和非洲各地。但直到 18 世纪中叶以前，由于在人造材料、工具机器、教育水平等方面没有取得突破，所以始终停留于个体的工匠式设计制作水平上。由于火车、汽车、飞机等机电设计制造引发推动了第二次产业革命，人类进入了机械化、电气化时代。20 世纪 20 年代，创造设计倡导为了人，追求技术、美学、经济性的统一，提升产品的竞争力和价值。20 世纪中叶，由于商用机器机械电子一体化的设计，将人类推进到后工业时代。美国引领了电子信息技术和产业的创新。德国、日本、韩国等也在机械电子装备等领域形成了各自的优势[4]。

随着知识网络经济的发展，全球信息网络物理环境条件已对创新设计产生深刻的影响，从设计到制造的沟通和交流、模式与结构都发生了巨大变革。制造者、用户、行销、运行服务者可以依靠无处不在、无时不在的无线互联网、云计算、大数据、物联网、3D+X 打印和智能终端等先进的信息基础设施，构建公平公正、普惠高效的设计创新环境。创新设计与新技术的深度融合为企业的可持续创新发展注入了新动能，成为引领产业革命的新动力。

当前，我国大众创业、万众创新的浪潮将汇聚起全民创新设计的能量和潜力，有效推动各种创新要素的汇集和应用，铸就强势的国家创新智力资源。"创客运动"的工业化，是数字制造和个人制造的合体。目前，全球产业界、学术界，创新设计的思维文化正在崛起，设计创新驱动的科技公司如 GoPro，NEST 不断涌现，设计思维文化将逐渐取代以软件、硬件开发者为代表的工程师文化。

1.1.2　创新设计打造企业核心竞争力

设计强则创新强。创新设计是产品、工艺、装备、服务模式、品牌和企业竞争力提升的关键因素和重要保障。美国是应用创新设计将科技成果商业化，实现核心价值的典范，长期占据全球产业价值链高端。20 世纪 70 年代，波音公司通过创新设计和系统集成两大核心环节，仅耗时 28 个月就设计出载客量大、航程超长的宽体 747 飞机，40 余年来取得了巨大的商业成功；苹果公司移动智能终端的创新设计，不仅引领了移动互联网产业的新潮流，而且创造了基于 iOS 的共创分享平台，推动了互联网文化、金融、网络物流、网络零售、网络游戏等新兴业态创新，由此改变了人们的生活与娱乐方式。2014 年，汤森路透发布的全球创新竞争力百强企业中美国独占 35 席，涵盖高端装备制造、信息通信、移动互联网等各领域。据美国设计管理协会 2013年发布数据，福特、微软、耐克、可口可乐等"以设计为主导"的企业，10年来股市市价表现高于标准普尔指数 128%（见图 1.1）。

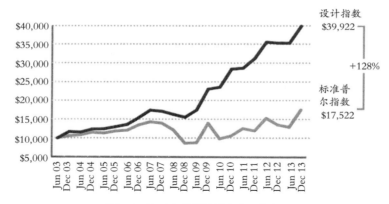

图 1.1　2013 年美国设计企业股市表现

　　英国十分重视创新设计产业和教育的发展，英国设计委员会的《2005 年设计指数报告》显示，英国企业运用设计的比重愈来愈高，在英国注重运用设计创新的 63 家公司，股市富时指数和富时 100 指数均优于同行业其他公司。近 5 年来，英国设计相关产业为该国带来了年均 7% 的经济增长，创造了 9 万个就业机会。《2008 年英国企业设计投资》报告指出，与设计有关的企业每投资 100 英镑，就可创造 400 英镑的利润，出口额增长 500 英镑。

　　英国帝国理工大学大规模调查了 16,445 家企业创新模式，证明创新设计改变了以往的"封闭"模式，成为企业创新实践的核心构成要素之一。开放式创新平台将聚集全球优质资源，演变为相辅相成的创新创业生态圈。开放合作的创新设计理念通过企业、组织和用户的多方合作与协同，更加重视保持与外部创新环境的动态联系，大大激发了跨行业和企业间的创新与制造活力。企业的创新设计业务也纷纷开始借助外包、众包模式的软硬件供应链资源和多样化的公共创业平台，将许多设计创新项目委托给外部研发团队来完成。

二战后，欧洲各国依靠设计提振企业市场竞争力，德国依靠精益的设计创新与制造技术在世界高端制造业舞台上赢得"制造强国"的美誉。2010 年以来，瑞典、挪威的设计投入在 GDP 中的比重已经超过 1%。32% 的瑞典企业认为设计对销售额有较大贡献，超过 40% 的西班牙企业、66% 的挪威企业都认为设计对销售额有相当大的贡献。65% 的挪威企业、56% 的西班牙企业和 46% 的英国企业都认为设计对新市场准入有相当大的促进作用。2003 年，新加坡启动设计振兴计划，10 年后设计产业对该国经济贡献的增加值达到 30 亿新元，增速为 7.5%，超过该国 5% 的 GDP 增速。

1.2　创新设计与材料关系的历史演变

人类社会发展史是一部材料与设计的互动史[4]，不同历史时期互动特征不尽相同。从农耕时代到工业时代，再到知识网络时代，设计和材料的演变随着人类需求的不断提高而向前发展（见图 1.2），两者协同促进，推动时代的进步和工业与技术的变革。我们可以将农耕时代的传统设计表征为"设计 1.0"，工业时代的现代设计表征为"设计 2.0"，全球知识网络时代的创新设计表征为"设计 3.0"。与之相应，诞生于工业时代的"工业设计 2.0"自然也将进化为全球知识网络时代的"工业设计 3.0"（见图 1.3）[5]。

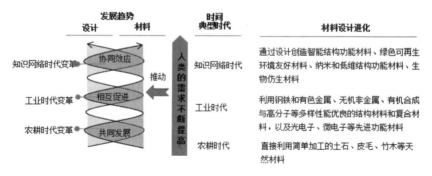

图 1.2　创新设计和材料的演变关系

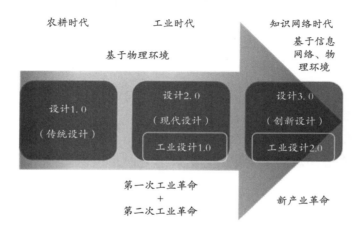

图 1.3　设计的进化：传统设计—现代设计—创新设计

1.2.1　农耕时代：传统设计与材料的关系

古代社会的发展阶段可以依据人类使用的主要材料类型划分为石器时代、青铜器时代和铁器时代。人类需求主要集中于解决基本的生存问题，因此传统设计主要关注服装、器皿、家具、兵器等具有实用功能的器具，选用的材料从天然土石、竹木、纤维、皮革进化发展到制作陶瓷、玻璃、青铜、铁器等[6-8]。

在石器时代，人类的加工能力十分有限，设计只能停留于刀刃、尖针、圆片和简单凹凸等非常简单的形态。在新石器时代早期，人们用黏土或陶土经捏制成形后烧制成了陶器，这是人类第一次改变自然材料性质的创造，是世界上第一种人造材料。陶瓷的原材料黏土具有很高的可塑性，经高温淬火后则具有很高的硬度，并且耐高温耐腐蚀。黏土的这种性质为人类摆脱自然材料的限制，自主创造各种生活器具和艺术品带来了极大的想象空间和操作空间。以陶瓷器为代表的早期人类手工制品设计由此诞生。

红陶是最原始的陶器，主要用于饮食器具和炊具。在红陶的基础上，人类彩绘出几何形图案或动形花纹，形成了有设计思想的彩陶，如半坡遗址出土的人面纹陶盆（见图 1.4（a））。黑陶（见图 1.4（b））的原材料已经有细泥、泥质和夹砂三种。相比于彩陶，黑陶的原材料更加丰富，设计工艺水平更高。黑陶是继彩陶之后中国新石器时代的又一制陶高峰。人们对陶土进一步探索和认识后，发现利用瓷土或高岭土可以烧制表里和胎质都呈白色的陶器。白陶制作精致，胎质纯净洁白而细腻。白陶鬶如图 1.4（c）所示。硬陶的原料是一种含铁量很高的黏土，胎质比一般泥质或夹砂陶器细腻坚硬，基本接近原始青瓷，可在陶器表面绘饰具有传统设计思想的几何图案纹饰［见图 1.4（d）］。在陶器上施釉可降低陶器的吸水率，所以釉陶比陶器好用。到了唐代，彩色釉陶发展到鼎盛时期，出现了世界闻名的唐三彩。唐三彩以细腻的白色黏土作胎料，以含铅的氧化物作助溶剂。唐三彩马如图 1.4（e）所示。由此可见，陶土材料的发展与陶器的传统设计互相推动，共同发展。

随着生产力和生产技术的发展，人们开始冶炼铜矿，设计锻造青铜器，这是人类主动改造自然的象征，人类告别了仅以利用自然材料进行设计活动的时期，进入了利用加工材料进行设计的时代。青铜时代是人类利用金属的第一个时代，将铸造和锻造等传统工艺设计应用于金属材料的加工，特别是失蜡铸造方法，适合于制造形状结构十分复杂的金属器具，因而赋予了设计师广阔的设计空间。在中国的博物馆中，数量最多、文物价值和艺术价值最高的古代器物当数青铜器。中国青铜器不仅数量多，而且造型丰富、品种繁多，有酒器、食器、水器、乐器、兵器、农具与工具、车马器、生活用具、货币、玺印等。每一器种在不同时代和不同地区都呈现不同的风采，即使是

图 1.4 彩陶.（a）（半坡遗址出土的人面纹陶盆）;（b）黑陶（蛋壳高柄杯）;（c）白陶鬶;
（d）硬陶;（e）釉陶（唐三彩马）

（资料来源: https://zh.wikipedia.org/wiki/%E4%BB%B0%E9%9F%B6%E6%96%87% E5%8
C%96#/media/File:Banpo_bowl.jpg.2014-07-09.
https://zh.wikipedia.org/wiki/%E9%BB%91%E9%99%B6#/media/File:Longshan_eggshell_t
hin_cup.jpg.2014-11-06
https://zh.wikipedia.org/wiki/%E5%A4%A7%E6%B1%B6%E5%8F%A3%
E9%81%97%E5%9D%80#/media/File:National_Museum_of_China_2014.02.01_15-02-56.
jpg.2015-03-26）

同一时代的同一器种，式样也多种多样。后来还出现了金碧辉煌的错金银
器，镶嵌金玉宝石的工艺及鎏金工艺，工整细致的装饰花纹（流行花纹有蟠
螭纹、蛇纹等），如图 1.5 所示。

铁器是在青铜鼎盛时期发现的。铁比青铜坚硬，熔点高，铁器的使用提
示了人类改造自然的能力。自然界中，铁的分布远比铜普遍，铁器发明后，
在较短时期内便得以普及。青铜器未能淘汰掉落后的石器，而铁器完成了这
一任务。因此，在进入早期铁器时代后，社会生产获得了巨大发展。

图 1.5　青铜器上的纹饰

（资料来源: https://zh.wikipedia.org/wiki/%E6%98%A5%E7%A7%8B%E6%97%B6% E6%9
C%9F#/media/File:Veins_on_bronze_in_chunqiu_age.jpg.2015-12-16）

利用陶土设计烧制器具，冶炼铜矿设计锻造青铜器，设计制造铁制器
具，利用人力、畜力、水和风力设计简单机械动力装置等，是人类主动改造
自然的象征，预示着人类告别了仅以利用自然材料进行设计活动的时期，进
入了利用加工材料进行设计的时期。但整体而言，受制于当时低下的社会生
产力和科技认知，农耕时代的设计始终没能在材料科学、冶金技术、能源利
用和动力机械设计等方面取得较大的创新突破，更未能在高效、精密工具装
备设计制造方面取得重大突破。这个时期，在设计过程中改变材料性质、重
新组合使用材料、改变材料用途的可能性极小，设计更多地依托于已有的材
料进行，材料与设计的关系更多地表现为材料对设计的支撑和制约作用。

1.2.2　工业时代：现代设计与材料的关系

世界人口的增长、世界贸易格局的变迁，以及科学技术的重大发展，为
人类从农耕文明向工业文明进化提供了土壤。18 世纪，第一次工业革命在欧
洲兴起，标志着人类社会正式进入工业时代；19 世纪，第二次工业革命紧
随而来，人类迎来了电气化的新浪潮；第二次世界大战后，数字化、信息化
工业革命初现雏形。在由若干次工业革命所推动的工业时代，科学技术开始
对人类社会的发展形成巨大的影响，这一点与农耕时代有显著的区别，人们

对材料的使用不再过分依靠自然，设计与创造行为也不再仅仅来自于实践经验，而是更仰赖科学与技术之间的结合，科学与技术开始越来越多地应用于生产活动之中，成为生产力发展的重要推手。得益于科技的发展，人类可用材料的种类和性能都得到了大幅提升，人类的设计活动也完成了由传统的手工艺设计，向以科学和技术为本的现代设计转变。

在第一次工业革命中，存在几个重要因素——蒸汽机、煤、铁，它们代表了这个时代工业设计中最重要的元素。由煤炭转变的焦炭比木材烧制的木炭要便宜得多，这大大地降低了炼铁的成本，为技术革新生产的各种机器提供了必要原料。蒸汽机是这个时代最具代表性的设计产品，它结束了人类对畜力、风力和水力由来已久的依赖，煤炭和铁的大量供应推动了蒸汽机在工业生产中的大量应用，例如矿井抽水机、炼铁炉等，而这又反过来大大地提升了煤矿开采和冶金的效率[9]。蒸汽机、煤炭与铁之间的关联，显示出第一次工业革命期间设计与材料之间已经萌发了相互促进、相互推动的发展态势。

第二次工业革命也被称为科技革命和电气革命，大量的科学研究成果被应用于生产，各种新材料、新技术层出不穷，电气、钢铁、化工、石油等行业都出现了巨大的创新。电力的大规模应用是第二次工业革命的标志。1831年，英国科学家法拉第对磁铁产生的磁场展开研究，发现了电磁感应现象，为电机（电动机和发电机）及一切有线电器设备的创新奠定了科学基础。以永磁材料为核心的发电机的问世，使人类进入电气化的时代，自此电力开始用于带动机器，成为补充和取代蒸汽动力的新能源，并促进了电灯、电车、电钻、电焊等一系列电气创新产品的出现。此外，电气化的普及还引发了市场对于绝缘材料的强烈需求，从而推动了塑料工业的飞速发展，而后者也是第二次工业革命期间出现的一种重要新材料。这一时期类似的设计与材料之间相互促进的例证还有许多，例如西门子、托马斯等人在钢铁冶炼技术方面的创新，大幅提高了钢铁的产量和质量，使之成为机械制造、铁路建设、建筑设计中的关键材料；内燃机的发明不仅催生了汽车、飞机等交通工具的创新，也大大地推动了石油开采业的发展和石油化工业的形成，石油化工又孕育了氨、苯、人造纤维、塑料等一大批对未来设计具有重要意义的基础原材料。科技发展带来的现代设计与新材料，它们之间的相互促进、相互牵引的关系，在第二次工业革命期间已经彰显。

以电子计算机的出现为标志的数字化革命是工业时代最近的一次大变革，并且一直持续至今，它不仅深刻影响了人类设计创造的方式，而且还使得整个社会的运作模式发生了彻底改变；而这场影响深远的电子化、数字化革命自始依赖的关键物质之一，就是以硅、锗为代表的半导体材料。以半导体材料为基础构建的晶体管是集成电路以及现代计算机的基本组成单元；20 世纪 70 年代初石英光导纤维材料和 GaAs 半导体激光器的发明，则推动了光纤通信技术的迅速发展。计算机系统和网络通信技术的出现，使人类的科技创造能力和工业制造能力得到大幅提升。在科技领域，过去需要通过大量实验获取数据的方式，改进为建模后的计算机模拟，省去了大量的实验成本和时间，各行业理学原理的求证和推导效率成级数的增加，提高了人类在基础科学和应用技术上的理论水平。在工业领域，计算机与通信技术带来的机械化、自动化制造，大大地降低了生产成本，提高了生产效率，加工业、制造业的精度与复杂程度得到前所未有的提升。在此基础上，人类的设计水平也达到了前所未有的高度，发明和制造了大量的创新产品，如移动电话、个人电脑、太阳能电池等。而材料技术与产业，同样也大大地受益于这场技术革命，由于有了坚实的科技基础和制造加工工艺，金属、化学品、半导体等诸多材料在纯度、结构、性能等各方面都获得了提升，更加夯实了其他设计产品的物质基础。现代设计的需求也催生了更多新材料，如航空航天产业对轻量化的设计需求使钛合金与碳纤维大放光彩，先进照明与显示产业对光源的设计需求催生了 GaN 蓝光 LED 材料，等等。

与此同时，各种新的、强大的材料加工方式也爆发式地发展起来。铸造、锻造等古老的金属加工技术从手工作业发展成为大机器生产，再到流水作业线和自动化生产。机械加工方式及机床的诞生，开创了精密和超精密加工金属零件的时代，这使得设计由极其大量的零件配合在一起形成具有复杂功能的现代产品成为可能。这个时期还催生了大量的特种加工方式，如各种电加工、高能束加工、化学加工等。大量的新材料及其新加工方式为新设计提供了新的可能性，大大地促进了设计的发展，工业和社会产品也随之极大地丰富起来。交通领域里，汽车、轮船、飞机、火车等提供了快捷舒适的出行方式；工程领域里，水泥、钢铁、沥青的大规模生产及大型工程机械使得大型建筑工程得以高效地建设起来，建造了跨海大桥、高铁系统、大型机场、体育场等巨大的基础设施；生活领域里，广播、收音机、电视机、自行车、洗衣机、厨房电器、照相机、摄像机等使生活变得越来越方便和丰富多彩；军事领域里，坦克、航空母舰、潜艇、导弹、自动步枪等显著改写了战争模式。

这一时期，科学技术在各个领域相互渗透，现代设计与材料之间的关联越发紧密，二者之间相互促进、相互推动的关系在这一时期表现得淋漓尽致，并朝向更深一步的相互融合方向发展。

材料及其加工技术的发展在工业时代依然是设计发展的支撑要素。然而，工业时代材料与设计的关系出现了一个新的特征：设计对新材料提出需求，促进材料的发展。这是由两方面的因素共同促成的：一是新材料的大规模发展为新设计提供了越来越多的可能性和自由空间，使设计思维得到了前所未有的解放。设计不再仅仅依托现有材料进行，在不断发展的设计思维指导下，产品在结构和功能设计方面的创新突破反过来提出对新材料的需求；另一方面是人类有了创造新材料的强大技术能力，使得设计师可以期盼通过开发具有新功能和更高性能的新材料来实现重大的设计目标。于是，人们发现在大量的领域里，制约新产品设计的瓶颈是材料性能和制造技术不能满足设计需求。

目前，从新材料开始研发到最终工业化应用一般需要 10～20 年。以能源领域的锂离子电池的研发为例，20 世纪 70 年代中期锂离子电池的实验室原型就得以建立，然而受限于电极、隔膜等材料开发的制约，直到 90 年代晚期才逐渐在移动电子设备中得到推广应用；受到储能材料开发的限制，动力型锂离子电池至今还无法在电动汽车中得到广泛应用，即便是在纯电动汽车中引领时代潮流的特斯拉（Tesla）汽车，目前也仅是采用了 8142 颗 18,650 单体电池作为电力储备方案，大量单体电池的协同工作对汽车的电量监控、充放电控制提出了极高的要求，也因此带来了系统可靠性的降低和额外的控制风险。在化石能源枯竭、危机日益严重的情况下，为了满足绿色能源产业及电动交通工具的发展需要，迫切需要开发具备更高能量密度、高循环次数且足够安全的储能材料。

看着不起眼的磁性材料在现代科技应用中占据着重要地位：磁铁在能源、交通及信息行业中都不可或缺，受关联行业快速发展的刺激，对优质磁铁的需求也不断攀升。传统的铁基和铁氧体磁铁因其能量密度过低无法满足产品设计上的需求，而添加了稀土元素的钕铁硼永磁体则因其优异的性能受到了人们的青睐。风力发电机、电动汽车和电动自行车中的马达必须强大且轻巧，只有钕铁硼永磁体才能二者兼得，每辆电动汽车中的马达需要大约 2 千克钕铁硼永磁体；一座能输出百万千瓦电能的风力发电机，则需要大约 2/3 吨优质永磁体。测算表明，仅风力发电机一项，就会促使优质永磁体的需求在 2010 到 2015 年之间攀升 7 倍。随着磁性材料需求的快速增长，稀土资源的消耗使得高性能钕铁硼磁体材料的持续开发利用难以为继。在稀土资源紧缺的情况下，美国能源部率先开始倡导研发用于替代稀土永磁体的磁性材料，被缩写为"反击"（react）的"关键技术中稀土替代品"（Rare Earth Alternatives in Critical Technologies）项目由 14 个不同的研究小组构成，总投入为 2200 万美元，其目标就是研发对稀土元素需求更低的高性能磁性材料。

航空航天业的快速发展对先进轻型金属材料及复合材料的研发和应用提出了挑战。前美国总统奥巴马于 2014 年 2 月 25 日宣布，出资 1.48 亿美元在底特律和芝加哥分别建立两家先进制造业中心，重点研发用于国防、航空等领域的先进轻型金属材料。其中，位于底特律的创新中心将专注于适用于国防、航天、工业机械等领域的先进轻型金属材料的研发，而位于芝加哥的创新中心将致力于软件开发和数据管理技术，以帮助制造商以更短的时间和更低的成本实现其产品设计。来自印度的市场咨询机构

Composite Insight 发布的"全球航空航天复合材料工业 2014—2019 年趋势和预测分析"报告则显示，因持续增加的现有和新型的大型商用飞机，以及民用直升机和公务喷气机的生产，复合材料在全球航空航天业的需求在过去三年期间显著增加，而随着航空旅行需求增长以及燃料价格上升，商用航空业将进一步增大先进复合材料在新型高效飞机中的应用。正在加速开发的中国商飞 ARJ21 和 C919、庞巴迪 C 系列、三菱 MRJ21、苏霍伊 – 超级喷气 –100 等新飞机项目，将确保先进轻型金属材料及复合材料在民用航空领域中持续的增长需求。

工业时代，材料与设计关系更多地表现为相互促进，相互推动：一方面，新材料以爆发的速度增长，大量的新材料为新设计提供了新的可能性，与此同时，材料制造工艺也取得了革命性的进步，大大地促进了设计的发展；另一方面，人类需求的爆发性增长，科技带来的生产力的进步，加上新材料提供的物质基础，使设计思维得到了前所未有的解放，层出不穷的现代设计拉动了对新材料的需求，设计不再仅仅依托现有材料进行，而是要求开发甚至是创造出具有新功能和更高性能的新材料以实现重大的设计目标。这对材料的发展起到了积极的推动作用。

1.2.3　知识网络时代：创新设计与材料的关系

进入网络信息时代，全球宽带、云计算、云存储、大数据，新材料与纳米技术、新能源、空天海洋、深部地球、高端制造、生物医学等为设计制造与材料创新提供了全新的信息网络、物理环境和新的技术创新动力。同时，新兴经济体快速崛起、全球市场持续发展、多样化个性化需求、资源环境压力、气候变化、健康与高生活品质需求等，成为设计制造与材料创新进化的巨大市场动力和新的可持续发展目标追求。此外，宽带网络、云计算、虚拟现实、3D+X 打印、信息开放获取、交通物流、全球市场等，为设计制造与材料创新创造了全新的自由公平竞争和全球合作环境。

在此背景下，设计与材料的创新和应用将更依靠创意创造、创新驱动，依靠科学技术、经济社会、人文艺术、生态环境等知识创新与信息大数据。

设计制造与材料创新和应用的全过程、所有产品的设计制造、运行服务将不仅如同工业化时代处于物理环境之中，而且同时将处于全球网络环境之中。设计与材料创新将从工业时代主要注重产品的品质和经济效益，转变和拓展为对营销服务、使用运行、遗骸处理和再制造等产品全生命周期的整体关注，其价值追求已经转变为追求资源高效循环利用与社会可持续发展，达到经济社会、文化艺术、生态环境和谐协调的系统优化。

因此，新的时代环境必然会使设计与材料延续和深化工业时代相互激发、相互促进的关系；新材料将继续成为新概念、新设计、新工艺"具现化"的物质基石，而创新技术和工艺也将进一步推动新材料的改良和诞生。

不仅如此，设计与材料还将在知识网络时代实现相互融合，这种融合表现在：①个性化和定制化的需求被大大激发，设计成为无所不在的需求，这种巨大的设计需求建立在数量更多和水平更高的材料及其制造技术基础上。例如，3D 打印技术以其能够制造几乎任意复杂材料结构的能力，对设计创新的推动作用尤为显著[10]。②随着需求对象体系的日益复杂化，只有经过精确设计的产品才能满足日益提高的使用需求，设计将成为一个十分复杂的方法体系，深入到产品结构的各个层次，包括材料本身都是精确设计的对象。例如，不断演进的纳米技术将使人们能够从原子层面构建新材料，或对现有材料进行重构，使之具有更加优异甚至前所未有的性能。此外，长期以来人们在不断进行材料设计过程中所积累的知识基础，辅以大数据技术和信息技术，得以构建出材料的"基因组"数据库，从而可以摆脱复杂漫长的实验，实现对新材料复杂系统的精确设计。③通过纳米技术、材料基因组等得到的品种多样、功能丰富、性能优异的新材料设计，如超智能材料、超强结构材料、绿色环保材料、生物仿生材料等，将颠覆过往的产品设计理念和设计方式，使设计师能够根据需求实现任何设计，随时回应市场需求。

与此同时，由互联网引发的通信革命拉近了人与人之间的距离，并且让人们得以用前所未有的方式来分享观点和创造新构想。在此背景下，以技术为中心的设计理念已经无法满足人类社会的发展需求，设计思维开始向以人为本转变，人们将致力于设计、创造能够平衡个人与社会整体需求的新产品，能够解决能源、健康、交通、气候等全球性问题的新型产品和服务体系。同时，产品制造方式将发展进化为依托网络和知识信息大数据的全球化的绿色、智能制造与服务方式，设计与制造重新融合，制造者、用户、行销、运行服务者皆可共同参与。由此带来了材料、设计与制造深度融合。未来，除了材料本身要设计和创造以外，更要做到料要成材、材要成器。设计不但需要解决材料的制备工艺，还需要关注材料的制造装备、性能表征，以及材料组成器件、形成系统，直至回收再利用的全生命周期。设计将基于网络信息和大数据、云计算，将融合理、化、生、机、电等多学科工程技术创新，融合理论、实验与技术仿真等科学方法，体现高性能、低成本、绿色化、短流程、少设备、少耗材等特征。材料的设计、构件的设计乃至系统的设计将和整个制造充分融合，形成一体化、数字化、智能化、网络化的发展趋势。如图1.6所示，在材料、设计和制造三者的关系中，设计是核心、是灵魂，材料是基础，制造是实现料要成材，材要成器的关键和保障。设计以社会需求为根本出发点，促进科技与文化的结合，加速新材料的研发、制造和应用，实现产品使用价值与文化价值的有机统一。设计将催生新技术、新工艺、新产品，满足新需求。因此，在知识网络时代，设计在支撑材料发展的同时，也将引领材料的创新与发展。

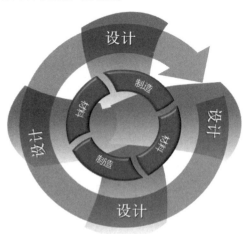

图 1.6 材料、设计与制造深度融合

参考文献
REFERENCES

[1] 路甬祥 . 关于设计进化的再思考 [J]. MT 机械工程导报，2014，2:3-5.

[2] 中国科学院先进材料领域战略研究组 . 中国至 2050 年先进材料科技发展路线图 [M]. 北京：科学出版社，2009.

[3]   ANDREW H D. Materials for Design[M]. New York: Thames & Hudson, 2014.

[4] 路甬祥 . 创新设计与制造强国 [N]. 人民政协报，2015-12-16（12）.

[5] 路甬祥 . 设计的进化与面向未来的中国创新设计 [J]. 全球化，2014，6:5-13.

[6] 新材料在线 . 设计师要知道的材料与加工工艺 [Z/OL]. [2015-04-15]. http://www.guokr.com/article/70245/.

[7] 徐志磊 . 创新设计的科学 [J]. 机械工程导报，2014，1：1-12.

[8] CUFFARO D. The Industrial Design Reference & Specification Book: Everything Industrial Designers Need to Know Every Day[M]. London: Rockport Publishers，2013.

[9] 斯塔夫里阿诺斯 . 全球通史：从史前史到 21 世纪 [M]. 北京：北京大学出版社，2005.

[10] 胡迪·利普森，梅尔芭·库曼 . 3D 打印从想象到现实 [M]. 赛迪研究院专家组，译 . 北京：中信出版社，2013.

第2章

材料是创新设计的
物质基础

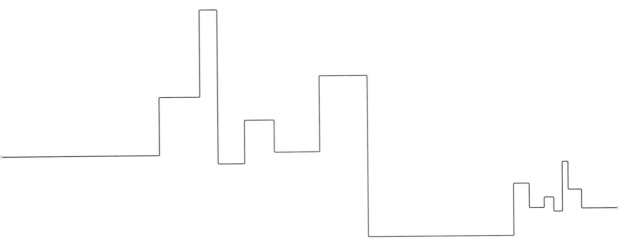

2.1　材料在创新设计中的角色

通过创新设计，人们利用现有的信息、知识与技术得到看得见、摸得着的产品。创新产品是一种在结构、性能、材质、技术等特征的某一方面或某几方面比老产品有显著的提高和改进，或有独创性、先进性、实用性，能提高经济效益，具有推广价值的产品[1]。由于创新产品具有创新性、优越性、效益性和实用性，不仅能够给人们带来更便捷的生活、更舒适的享受、更廉价的商品，还可能颠覆人们的生产生活方式，开创崭新的行业，乃至开辟新的时代。

不过，创新产品的结构、性能、材质、技术等特征，大都需要物质基础的支撑才能够得以实现；否则，创新设计就只能永远停留在"预想"阶段，无法成为真正的产品。这里所谓的物质基础，正是形形色色、功能各异的材料。材料是创新设计的物质基础，创新设计则将材料转化为实际的产品形态，二者相互依赖，相互促进，共同发展。

《中国大百科全书》将材料定义为人类用来制造机器、构件、器件和其他产品的物质。它与能源和信息技术一起，被人们称为现代文明的三大支柱[2]。从原始人用来制作石器的石头，到古代人制作器皿的陶器，再到现代人制造飞机汽车的钢铁，材料在人类文明中一直都承担着基础性的功能。至 21 世纪，材料的品种已经数不胜数。根据不同的标准，可以将材料分为若干种类：从物质结构方面，可以分为金属材料、非金属无机材料、有机材料和复合材料；从加工程度方面，可以分为天然材料、加工材料和人造材料；从应用领域方面，可以分为信息材料、能源材料、生物材料等；从形态方面，可以分为颗粒材料、线状材料、面状材料和块体材料。这些不同类型的材料拥有不同的外观与质感，更具有迥异的化学、物理乃至生物特性，正因为有了这些差异化的感官特性与功能特性，才有了千差万别的创新产品。

在创新产品中，设计要素主要体现在产品的外观、结构、功能等方面，这些形态与功能需要通过相应的材料来实现。不同的材料能够赋予产品不同的表面特征和内在功能，同类产品不同材料的应用都会产生不同的效果。此外，成功的产品设计不仅要满足产品在功能和质量上的使用要求，还需要满足社会发展和经济效益的需求。由于材料资源的稀缺程度不一，以及可循环利用性不同，使用不同材料来制作产品会产生不同的社会和经济影响。因此，材料的经济特性及其生态环境效益也是影响创新设计的因素。材料的感知特性、功能特性和资源经济性，是材料作为物质基础支撑创新设计的三大要素。

2.2 材料的感知特性

人们对产品的第一印象通常来自于外在，来自于对产品的感性认识，如色彩、光泽、造型等。从大理石筑就的巴特农神庙，到金属边框玻璃屏幕的iPhone 手机，对于实体产品而言，任何的外在形态最终必须反映到具体的材料上来，材料是产品所有外在特征的终极载体。

材料本身除固有的物理化学性质外，还具有各种形态、色彩、纹理和结构，这些都会使其产生不同的感知特性。材料的感知特性就是指材料作用于人的认知体验，包括人的感觉系统因生理刺激对设计材料做出的反应，或由人的知觉系统从材料表面特征得出的信息。材料的感知特性建立在人的生理基础上，是人们通过感觉器官对材料做出的综合印象[3]。产品材质的差异，会触发人们在感知上对产品产生不同的反馈，使产品体现出自身的性格与气质，例如木头、陶瓷、玻璃、塑料、金属等，会给人以虚实、软硬、滑涩等不同的生理感觉（见图 2.1）。使用具有不同感知特性的材料，即便是制作同一种产品，也会给人带来迥异的风格体验，例如经典的木制家具与现代的金属/玻璃家具。因此，材料本身的感知特性是产品设计中"外在美"的来源，是消费者与产品沟通交流的重要纽带，也是产品设计的重要因素。

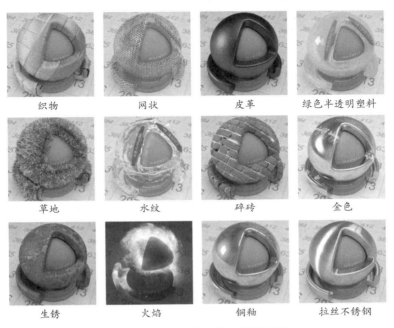

织物　　　　　　网状　　　　　　皮革　　　　绿色半透明塑料

草地　　　　　　水纹　　　　　　碎砖　　　　　　金色

生锈　　　　　　火焰　　　　　　铜釉　　　　拉丝不锈钢

图 2.1　不同材质带来的不同风格体验

（资料来源：http://www.visario.co.uk/images/3d-rendering-materials.png.2014-2-21）

　　材料的感知特性在创新设计中发挥着重要的作用，给人带来不同以往的各种感性认识，如关乎温度的冷暖感、关乎质量的轻重感、关乎光学的明暗感、关乎硬度的软硬感、关乎时间的复古感和现代感等。表 2.1 列出了在产品设计中经常使用的材料给人们带来的感觉，即它们的感知特性。

表 2.1　常用材料的感知特性

材料	感知特性
木材	天然、协调、亲切、古典、手工、温暖
金属	锐利、高贵、坚硬、光滑、时髦、干净、整齐、冷
玻璃	高雅、明亮、光滑、冷、未来感、干净、精致
塑料	时尚、轻巧、细腻、艳丽、多变
皮革	柔软、浪漫、手工、温暖
陶瓷	高雅、明亮、时髦、整齐、精致、凉爽
橡胶	人造、阴暗、束缚、笨重、呆板、柔软

材料感知特性的产生，不仅与材料本身的质地有关，而且与材料的颜色与造型有关。例如，红色、黄色，不仅会产生温暖的感觉，还会给人以活泼、明亮的印象，而蓝色、紫色等，则会给人以冷、内敛、低调等感觉；纤薄的材料会令人觉得轻巧、锐利，而厚重的材料会给人以沉稳、可靠的感觉；直线、几何体块、锐角、肌肉感造型给人男性化的感觉，而圆角等温和线条给人女性化的感觉；等等。

材料的这些感知特性，通过视觉、触觉、听觉、味觉、嗅觉传递给人类。这些感觉既相互独立，又可能在某一感觉系统受到刺激后，引起其他感觉系统的共鸣，从而带来对外界环境全方位的综合意向和感性认知。对于材料而言，它们主要是通过视觉和触觉将产品的信息和造型语言传递给人们的，还有部分信息可以通过材料的听觉、嗅觉和味觉进行传递。材料的听觉特性展现为它受到敲击时发出的声音频率与声音持续的长短。除了乐器与音响类产品外，材料的听觉特质在产品设计上的应用并不多。味觉和嗅觉的产品设计应用也比较少见。因此，下文主要从材料的视觉质感和触觉质感方面表述材料的感知特性。

2.2.1 材料的视觉特性

视觉是人们感知外界的主要渠道。人们在接触到产品前，往往会根据以往的经验，通过视觉印象来判断材料的质感。视觉质感是材料被视觉观察到后，经大脑综合处理产生的一种对材料表面特性的感觉和印象。材料表面的光泽、色彩、肌理和造型的不同会给人以不同的视觉质感。比如，利用玻璃、透明聚碳酸酯、亚克力等透明材料来进行实体产品设计，将带来很强的虚无感和未来感，而用石头、木头、树皮等传统材质设计出的产品，会带来古朴和经典的感觉。

2.2.1.1 材料造型带来的视觉信息

产品的造型是创新设计给人们带来的最直观的感受，它通过视觉向人们传递了产品的整体形象。任何一种造型的构想，都离不开材料这一物质条件。由于产品的造型不仅要满足审美的功能，还要满足一些较为抽象的、单纯的功能。因此，利用恰当的材料，制造出新颖的产品造型，是产品外观设计的一个重要元素。

　　塑料是一种便宜而方便的制造材料，由于工艺简单，所以成为一种极具可塑性的人造材料，经过精心处理和恰当的使用，塑料可以在产品设计中表达出很好的效果。维纳·潘顿（Verner Panton）是 20 世纪 60 年代至 70 年代最具影响力的设计师之一。Panton 曾在 20 世纪 50 年代四处寻找可实现产品造型和颜色的理想材料，并最终被塑料这种新奇的材质深深吸引。1960 年，Panton 用塑料设计出了 S 形流线椅，这是世界上第一把一次模压成型的玻璃纤维增强塑料椅 [4]。随后，Panton 与国际顶级设计公司 Vitra 合作，推出了一系列的"潘顿椅"（Panton chair）（见图 2.2）。潘顿椅的外观时尚大方，有种流畅大气的曲线美，且舒适典雅，符合人体的身材，其色彩也十分艳丽，具有强烈的雕塑感。潘顿椅的发布在业界引起了轰动，最初的潘顿椅模型已被纽约当代美术馆收藏。至今，潘顿椅仍然被视为当代家具设计的经典之作 [5]。

图 2.2　潘顿椅

（资料来源：https://en.wikipedia.org/wiki/Panton_Chair#/media/File:Panton_Stuhl.jpg.2014-06-10）

　　玻璃具有很好的加工性能，能够方便地被加工成任意形状，因此也非常适合于通过各种造型实现视觉上的创意设计。器皿与家居用品是玻璃的主要用途之一。近现代玻璃制作工艺的进步，拓展了玻璃器皿的创新设计空间，这一领域也成为设计大师们发挥创意的舞台。Iittala 是一个来自芬兰的世界顶级家居设计品牌。该公司成立于 1881 年，以其高品位和高质量的玻璃制品而闻名于世。著名建筑大师阿尔瓦·阿尔托（Alvar Aalto）于 1937 年为伊塔拉（Iittala）公司设计的 Savoy 花瓶（见图 2.3），完全打破传统玻璃器皿的设计思路，拥有像湖泊一样的优美曲线，是芬兰设计的经典之作。如今，Aalto 的花瓶已经成为众多博物馆的珍藏品。

图 2.3　Alvar Aalto 设计的 Savoy 花瓶
（资料来源：https://www.iittala.com/Home-interior/Alvar-Aalto-Collection-Vase-160-mm-rain/p/
K006233.2015-07-23）

2.2.1.2　材料表面特征带来的视觉信息

在人类视觉接收到的信息当中，除了形状之外，还有材料本身的特质所带来的刺激。当一个材料被选择与组合时，考虑的不单单是材料本身，还有这个材料可以搭配怎样的表面处理，呈现怎样的色泽，所以一个材料的视觉特性还可以用表面纹理、色彩、光泽等表面特征元素来描述[6]。

例如，金属富有光泽，具有特殊亮度、反射性等特点，造就了它本身的天然属性——高贵性和永恒性。塑料的表面光滑、纯净，不但可以注塑出各种形式的花纹、皮纹，并着以鲜艳的色彩，还可以模拟出其他材料材质的效果，甚至以假乱真。塑料可以模仿出金属的光泽表面，也可以模仿出天然大理石的纹理；加入珠光粉后可以像珍珠般发光，也可以像水晶玻璃一样纯净透明；这种多变性使塑料在设计中有非常广的适用性。玻璃的视觉感知特性是透明、反光，表面坚硬而光滑。这使它在对光的透射、折射和反射上有着完美的表现。根据所使用玻璃的大小、形状和造型的不同，玻璃制产品可以散发出光彩夺目的经典美，也可以呈现虚无空灵的未来主义特色，其光影效果非常多变。

　　玻璃材料由于坚固、透明的特性，一方面可以作为结构材料对建筑进行一定程度的支撑，另一方面又能够以特别的透明光感带来新鲜的体验，因此，在建筑设计中玻璃向来占据着极其重要的地位。例如，中世纪哥特式教堂的窗户使用了彩色的花窗，配合光线为教堂增添了神秘、神圣的色彩。1851 年，世界博览会的场馆"水晶宫"，由园艺师 Joseph Paxton 设计建造，这是人类第一次大规模使用玻璃和钢铁作为建筑材料（见图 2.4）。这座建筑本身就成了第一届世博会最成功的展品，也是 19 世纪英国最伟大的建筑奇观之一。

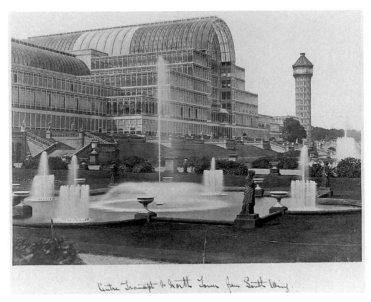

图 2.4　英国水晶宫

（资料来源：https://upload.wikimedia.org/wikipedia/commons/1/1a/Crystal_Palace_Centre_transept_%26_north_tower_from_south_wing.jpg.2015-06-25）

　　1945 年，德国建筑大师路德维希・密斯・凡・德・罗（Ludwig Mies

der van Rohe) 提出建设玻璃住宅 "Farnsworth House" 的概念。1949 年，其好友菲利普·约翰逊（Philip Johnson）以这一概念为蓝本，建造了自己的玻璃屋 The Glass House（见图 2.5）。房屋以深灰色的钢柱与透明玻璃为建材，是世界上最经典的现代主义住宅之一，堪称史上最美且功能最少的房子。1979 年，Philip Johnson 由此获得第一届普利兹克建筑奖（the Pritzker Architecture Prize）。

图 2.5　The Glass House

（资料来源: https://en.wikipedia.org/wiki/Glass_House#/media/File:Glasshouse-philip-johnson.jpg.2015-09-16）

　　拥有不同表面特征的材料之间相互搭配，也会给人的视觉感知带来不一样的刺激。苹果公司智能手机 iPhone 的推出，颠覆了人们对传统手机的印象，并引领了随之而来的智能手机革命。版本迭代后的 iPhone 4（见图 2.6），则在外观上进一步颠覆了传统手机古板、沉闷的形象。iPhone 4 的一个显著特点是采用了计算机数字化控制（computerized numerical control, CNC）加工不锈钢边框[8]，配以大面积玻璃面板与背壳，让机身整体有了一种优雅、硬朗、简洁的美。同时，iPhone 4 的不锈钢边框也是整个手机构造的核心和骨架，不仅充当了手机的天线，而且屏幕、电池主板及其他配件都固定在这一骨架上。iPhone 4 体现出苹果公司对材质的控制与把握，使其成为设计史上成功的代表性案例。iPhone 4 对后续智能手机市场产生了巨大的影响，采用玻璃机身和金属边框成为诸多手机厂商竞相模仿的设计风格。

图 2.6　采用金属边框玻璃机身的 iPhone 4 手机

（资料来源：https://upload.wikimedia.org/wikipedia/commons/6/6f/IPhone_4_Black.jpg. 2015-08-19）

　　在苹果公司的许多产品中，还大量使用了铝合金这种金属材料。铝合金在表面处理与色彩呈现上能够表现出多种风格。由此可以看到，不论是 MacBook 的铝合金冲压，还是 iPod 的阳极染色、铝材喷砂雾面的低调均质与阳极染色的多姿多彩，共同为苹果计算机的产品营造了高质感却又生动活泼的意象。

图 2.7　多姿多彩的 iPod 产品系列

（资料来源：http://www.cultofmac.com/329160/never-buy-ipod/.2014-11-24）

2.2.1.3　新工艺与新材料创造的新视觉效果

　　除了运用材料特有的外形或表面特征来传达其视觉特质之外，设计师与工程师们还试图借用新的技术来拓展材料的视觉美感。

　　仍然以玻璃为例，传统玻璃与现代工艺相结合，催生出功能与外观都得到大大拓展的现代玻璃，激光玻璃就是其中一种。利用激光全息膜技术，在玻璃上涂敷一层感光层，利用激光在上面刻划出任意多的几何光栅或全息光栅，在光线照射下，光栅会因衍射而产生色彩变化。随着入射光角度和视角不同，产生的色彩和图案也不同。这种玻璃作为装饰材料，会产生扑朔迷离、五光十色的光效，给人以神奇、迷人的感觉。此外，还有利用电致变色原理制成的可调整自身颜色和透明度的智能玻璃（见图2.8），可在夜间发光的夜光玻璃等。这些新型玻璃材料带来的全新感知特性将给创新设计带来更大的发挥空间。

图2.8　View公司的智能变色玻璃

（资料来源：http://materialsandsources.com/dynamic-glass-view-glass/.2015-03-06）

美国苹果公司一直在一种名为"液态金属"的材料上进行专利布局。例如，在2017年3月美国专利局公布的一项苹果专利申请中，就揭示了苹果公司可能将液态金属材料用于制作iPhone的背板。尽管到目前为止，苹果公司仅在SIM卡弹出工具上使用了液态金属，但这种材料仍然可能在未来某一刻给人们带来惊喜（见图2.9）。液态金属是一种由锆、钛、铜、镍、铝等多种金属构成的材料，由于其原子排列状态与玻璃类似，因此也被称作金属玻璃。液态金属具有其他金属不具备的诸多特性，它的熔点较低，具有很强的塑形能力，其在铸造过程中更像是塑料，可以方便地塑造出各种形状。与其他金属需要经过打磨才能使表面光滑相比，液态金属制备后即具有光滑的表面，而且液态金属的强度是钛金属的两倍，具有非常高的硬度、抗腐蚀性和耐磨性。此外，通过改变液态金属的表面原子结构，还能够改变其自身的颜色，由于这种颜色并非后期喷涂上去的，因此不会产生磨损掉色，其色彩也更加自然[8]。

图 2.9 苹果液态金属项目

（资料来源：http://www.patentlyapple.com/patently-apple/liquidmetal/.2015-08-13）

2.2.2 材料的触觉特性

触觉质感是人们通过触摸材料而感知材料的表面特性和体验材料的主要感受。相对于材料的视觉感知，触觉感知一直是比开发较少的部分。不像视觉感知给人带来的直观、具体的印象，触觉感知带给人们的感觉，尽管也非常丰富，但通常是抽象的，难以言传的。运用各种材料的触觉质感进行的创新设计，不仅能够在产品的接触部位体现出舒适、易用等优势，还可以通过不同肌理与质地材料的组合，丰富产品的造型特征，给人们带去不同的感受。

2.2.2.1 材料形状带来的触觉信息

触觉作为独立的感官通道，本身就具有信息传递的能力，这意味着它既可以独立对应单一功能，也可以配合其他通道所对应的功能。盲人使用的产品是利用触觉进行产品设计的典型应用。对于视觉障碍人士而言，触觉是除听觉以外最重要的信息渠道，因此触觉的独立功能展现尤其突出。对材料和产品的外在形状的触觉感知，就成为视觉感知以外与用户沟通的最佳方式[10]。

Bradley Timepiece 是一款由哈佛设计学院毕业的学生特别为盲人设计的

触觉手表。如图 2.10 所示，Bradley 手表的表盘与普通手表没有什么区别，但取消了时针设计，取而代之的是在表盘面和边上各有一颗滚珠，并通过磁场来控制滚珠的位置。Bradley 使用了钛材质，使得手表相当有质感和手感，同时易于清洁[11]。Bradley 手表的设计并不复杂，但却巧妙地将指针由针状改为方便触摸的球状，充分利用了材料在形状上的触觉特征，实现了产品形式的创新。Bradley 手表在 2013 年夏天一炮打响，并获得了伦敦设计博物馆评选的"2014 年度设计"奖[12]。

图 2.10　Bradley 手表

（资料来源：http://fashionlab.3ds.com/a-watch-for-blind-people/.2014-11-26）

　　基于触感独立功能的另一种典型盲人产品设计是盲人手机。苹果等公司利用 VoiceOver 等技术，帮助视觉障碍人士在看不到屏幕的情况下用声音获取信息。而触摸盲文是视障人士使用手机的另一种方式。尽管目前还很少有真正实现商业化的盲文智能手机，但世界各地的设计师们已经设计出了众多盲人手机原型。例如，设计师 Seonkeun Park 为三星设计的概念盲人手机 Braille Phone（见图 2.11）。这款手机外形有点像遥控器，它不仅在拨号键盘上使用了盲文字点，在手机较上方的位置，也会随着来电用盲文字点显示信息，充当手机的"屏幕"。用来充当"显示屏"的材料名为电活性聚合物（electric active plastic, EAP），这种材料能够在电场作用下，改变形状或大小[13]。这一概念机型设计获得了 2009 年度的红点奖。

图 2.11　Braille Phone 概念盲人手机

（资料来源：http://www.tuvie.com/braille-concept-phone-for-visually-challenged-people /.
2015-07-16）

2.2.2.2　材料材质带来的触觉信息

材料表面的质地和肌理是产生不同触觉感受的主要因素。在产品的创新设计中，材料代表了产品的皮肤，是产品和人之间的界面。材料的触感有时能够蕴含着产品的内在性质，有时又能够与视觉信息形成反差，给人们带来新鲜的体验。

例如，纸总能给人一种粗糙、质朴、恬淡的触觉感受，消费者在触摸时就能感受到那种天然和健康，在内心深处对其产生好感并形成购买欲。随着现代工艺的提高，压花纸、玻璃纸、表面浮沉纸、复合纸、瓦楞纸、高级伸缩纸以及深加工纸等，使纸材料的魅力大增，并形成了丰富的触觉特性。纸也可以具有刚柔并济的触感特点，既可以给人传达一种牛奶般丝滑的质感，也能给人带来金属般坚固的感受。

金属具有弹性也可浇铸，能塑造出各种形状。它本身种类繁多，不同的种类的质感差异也很大，给人的触觉感受也不尽相同。比如，金和铜给人温暖、华丽、富贵的感觉；而银、锌显得素雅，富有内涵；不锈钢则以其精致细腻的表面，使人产生严谨、冰冷、卓越品质的情感触觉体验。金属以其质感美的特点，在材料中独树一帜。

　　玻璃有凉如冰块的触感，自身属性透明、坚硬、脆而易碎，因此给人轻薄、脆弱的感觉。人在与其发生情感互动时，也总是小心谨慎。玻璃作为容器材料时，通过内部的液体加强了光线的折射与反射，给人妩媚、奢靡、动态的轻盈质感。熔融状态下的玻璃质感，则体现出动态、流淌、凝固时间的美感[14]。

　　日本中生代国际级平面设计大师原研哉擅长利用视觉、触觉、听觉等多种感觉进行设计，在受众的头脑中形成不同的感官刺激，引发丰富的想象。2004 年，原研哉筹划了一个被称作 Haptic 的展览，展出了许多刺激感官，特别是触觉感官的设计作品。例如，展会上松下（Panasonic）设计公司设计的凝胶遥控器（见图 2.12），关上开关它就会变得柔软，好像死亡一样；打开开关就像从死亡中复活，机身开始一起一伏，仿佛在呼吸，犹如一件活物，具有生命的存在感，仿佛不再是一件冰冷的机械产品；手一触及遥控器，整体开始变硬，即可方便使用，这一多变、动态、有机的触摸过程，给使用过程增添了无限情趣，使冰冷的机械产品变得生动、可爱和亲和，符合人性，弥补了人与机器之间的冰冷断带，更加符合人的需要，具有生命的生态意蕴[15]。

图 2.12　Panasonic 公司的凝胶遥控器

（资料来源：http://www.ndc.co.jp/hara/en/works/2014/08/haptic.html.2015-10-02）

2.2.2.3　材料的交互式触觉体验

达成和运用触感体验最直接的方式是触摸、触碰等动作行为。科技的进步，已经将触觉开拓成为人机交互的一种全新的方式。从 iPhone 和 iPad 到 Surface，触摸的交互方式正成为当下最时髦且最富有高科技感的设计。越来越多的电子设备开始采用触控的方式，技术创新也使触控技术变得越来越精准，越来越人性化。

2015 年，苹果公司在新一代手机 iPhone 6s 上采用了 3D Touch 技术，将触觉互动推向了更高的高度（见图 2.13）。相对于多点触摸在平面二维空间的操作，3D Touch 技术增加了对力度和手指面积的感知，可以通过长按快速预览、查看短信、图片或者超链接等内容。3D Touch 技术包含了一系列先进材料与制造技术，包括日本供应商生产的 Incell 屏幕、压力传感器、磁性材料构成的反馈系统等。这些技术将触控交互体验推向了更广阔的空间。

图 2.13　苹果公司具有 3D Touch 功能的手机 iPhone 6s
（资料来源：https://uk.wikipedia.org/wiki/3D_Touch.2015-11-06）

目前的触觉交互，仅仅停留在发出触控指令并获得屏幕反馈方面，还没有实现设备对人的物理触觉反馈（除振动以外）。通过材料技术的发展，触摸以及触摸反馈领域将产生更多的创新性应用，并改变人们在网络世界的体验。例如，美国斯坦福大学的埃里森·奥卡姆拉（Allison Okamura）教授及其研究团队正在开发一款触觉模拟设备，可以模拟物品的质地和形状，同时还能够根据用户的动作做出相应的力反馈和形变，模拟出物体的重量。这项设备在初期主要应用在机器人手术领域，这样主刀医生就能够感知到手术刀末端接触到的组织，而在医疗领域之外，它还可以被应用到包括智能手机、虚拟现实等在内的多种设备中，让人真实地感受到网络虚拟世界的材质与触感[16]。

2.3 材料的功能特性

产品要满足消费者的实用性需求，一个重要的决定性因素是它所能够实现的功能。工业革命之前乃至工业革命早期，人类产品设计的功能主要依赖于传统材料的简单基本属性。随着人类需求的不断提升和科学技术的不断进步，创新产品设计功能的实现越来越依靠那些具有优良物理化学功能的材料。把握、开发和利用材料的特殊功能性，是实现创新产品，特别是高技术创新产品的关键途径。

技术进步不仅促使人类提高了材料原本的性能，还促使多种具有全新功能的材料被发现和创造。时至今日，材料的功能性已随材料的多样化变得极为丰富。如果用材料与能量的相互作用方式来表述材料的功能特性，那么材料的功能特性可以大致分为以下类型：一种是向材料输入和从材料输出的能量属于同一类型，材料对能量起传输作用，如具有高强度、超塑性、高弹性等力学功能的材料；具有吸音、隔音等声学功能的材料；具有导电、超导、绝缘等电学功能的材料；具有隔热、导热、吸热等热学功能的材料；具有硬磁、软磁等磁性功能的材料；具有透光、反射、折射、偏振等光学功能的材料；具有催化、生物化学等化学功能的材料；等等。另一种是向材料输入和从材料输出的能量属于不同类型，材料对不同能量起转换作用，如具有光电转换、电磁转换、压电效应、磁致伸缩效应、形状记忆效应等功能的材料。

材料拥有的某种功能特性的不断强化，将会带来产品性能的提升，推动产品不断更新换代。例如，半导体材料性能的不断提升，是电子产品向小型化、高速化、低功耗化方向不断创新发展的重要驱动力。进一步地，材料功能特性上由量变导致的质变，会导致全新产品的出现。如电阻为零的超导体材料，促成了超导磁悬浮列车和核磁共振仪的问世。

此外，材料的功能特性也不是单一独立存在的，不同材料丰富多彩的功能特性也决定了他们的应用范围，有的材料功能单一应用领域也比较少，有的材料功能多样应用广泛。而在实际设计和应用中，往往更希望材料同时具备两种甚至以上的特性以实现材料更有效的利用。使用具有多种功能特性的材料代替单一功能特性的材料，不仅能够减小产品体积，扩展材料功能，甚至还能够带来具有颠覆性的产品设计。例如，应用于高温设备的支撑结构的材料，作为结构材料的同时也须具有耐高温和抗腐蚀性以确保设备的正常运转并拥有较长的使用寿命。同时兼具导电特性和透明特性的氧化铟锡材料，拓展了显示屏单一的显示功能，使之成为可交互的触摸屏幕，促进智能手机和平板设备的诞生。有机物发光分子的出现，则将柔性与显示功能集于一身，带来可弯曲的显示屏幕。

对于功能产品设计而言，它的产生总体上有两种途径：①基于需求，根据明确的目标导向，开发现有材料的新特性，或开发具有特定功能的新材料（自上而下，top-down），在这种情况下，对材料功能的利用更具有针对性和目的性；②基于新发现的功能材料，或基于材料的新特性，实现新的产品设计（自下而上，bottom-up），在这种情况下，如果新材料具有优异的或丰富多样的功能特性，则可能带动一批新产业并产生一批新技术。

无论是自上而下，还是自下而上，新材料和材料新功能的开发与利用，都能够对功能产品设计产生决定性的影响，历史上革命性创新产品的诞生莫不如是。如钨丝高电阻、高熔点等特点促进电灯的诞生，使人类终于从黑夜中解放；硅晶体的半导体特性促进晶体管的诞生，推动了电子技术革命，成为信息和互联网通信技术突飞猛进的先决因素。材料种类的多样性和功能特性的丰富可以为创新设计提供更多的可能性，并奠定坚实的物质基础。反之，无论哪一种途径，任何创新设计的产生离开材料都是空谈。没有现实材料作为支撑，没有具有相应功能的材料的出现，再优秀的设计也无法实现，最终都不可能转化为产品。

由于材料的功能特性非常丰富，本节选择了一些较为独特、新颖的材料功能特性，用来说明它们在创新设计中的重要作用，包括力学特性（高强度、轻量化），光学特性（超材料），换能特性（压电、光电），生物特性（生物兼容、仿生）等。

2.3.1 材料的力学特性

作为产品设计的物质基础和实体呈现，材料最基本的功能之一就是实现支撑、牵拉、包裹、防护等物理上的力学功能。创新设计往往需要产品呈现出优于甚至迥异于传统的特点，例如更坚硬的外表、更轻薄的体积、更坚韧的强度等。并且，在利用材料的力学性能的同时，对它的物理化学性能也可能有特殊要求，如光泽、热导率、抗辐照、抗腐蚀、抗氧化等。

2.3.1.1 轻金属合金

在大多数情况下，人们总是乐于追求重量更轻、体积更小的产品，因为它们往往代表着节省成本、外形美观、方便便捷；而在一些特殊行业，例如汽车工业和航空航天工业，更轻、更小的产品设计带来的益处远不止这些，它意味着更大的载荷量、更低的燃料消耗、更好的动力性能。不过，除了轻量化的要求之外，汽车与航空航天工业往往还要求产品设计能够抵抗一定程度的冲击，甚至需要对温度、腐蚀和电子干扰等外部因素也有较强的抵抗能力。由于汽车与航空航天工业对产品设计的这些严苛要求，人们一直在寻找质量更轻、强度更高的材料，轻金属合金因此进入人们的视野。

轻金属合金是由原子质量较轻的金属构成的合金材料，一般密度低于 $5~g/cm^3$，包括铝合金、镁合金、钛合金等。

在汽车行业，轻金属合金被大量应用，它们也是未来汽车创新设计的首选材料。采用轻金属合金设计制造的结构能够减轻装备的重量，显著降低能源消耗。在当今发动机技术水平难以提升、新能源汽车发展尚处于起步阶段的背景下，汽车轻量化技术成为节能环保的重要手段。以铝合金为例，由于铝具有高比强度、良好的成形性和抗腐蚀性、易回收等特点，它已经成为汽车中重金属材料（钢和铜）的理想替代品。近年来，铝合金在汽车上的用量不断增加，被用于制造发动机、热交换器、涡轮增压器、变速箱体、车轮以及车身等部件。例如，德国奥迪早在 1994 年就推出了全球第一款采用 ASF 全铝合金空间框架车身的量产车型——第一代奥迪 A8（见图 2.14），成为汽车制造历史上的一个里程碑。这款车的车身相比同类型的钢车车身轻 200 kg，大大地降低了油耗。第一代奥迪 A8 也因其创新理念获得了 1994 年的欧洲铝业奖[16]。

图 2.14 第一代奥迪 A8
（资料来源：http://mook.u-car.com.tw/article135.html.2016-01-15）

在航空航天工程制造领域，钛合金是首选的金属材料。这种材料兼具钢、不锈钢、铝等结构材料的优良性能，同时具有高比强度和耐高温、耐腐蚀的特点，近年来在航空航天领域的使用量越来越多。在飞机结构制造中，钛合金被广泛用于蒙皮、机翼的承力框、紧固件、底盘、机翼襟翼、吊架、液压管路的制造，钛合金基本可以代替所有飞机结构中的钢制零件，将结构重量减轻 20% ~ 35%。在波音 777 客机上，钛合金的用量为 8%，而在最新型的波音 787 客机上，钛合金的使用占比已经达到 15%[18]，钛合金材料在航空器产品设计中的重要性可见一斑。

2.3.1.2　碳纤维

碳纤维是一种力学性能优异的新材料，其比重不到钢的 1/4，碳纤维树脂复合材料抗拉强度一般都在 3500 MPa 以上，是钢的 7～9 倍，抗拉弹性模量为 23 000～43 000 MPa，也高于钢材料。在高性能纤维中，碳纤维是具有最高比强度和比模量的一种。除力学性能外，碳纤维还具有低密度、耐高温、耐腐蚀、耐摩擦、抗疲劳、震动衰减性高、电及热导性高、热膨胀系数低、X 光穿透性高，非磁体但有电磁屏蔽性等多种优秀的性能，因此又享有"21 世纪新材料之王"的美誉。

与轻量化合金一样，碳纤维由于同样具有质量轻、强度高的特点，在航空航天产品设计中得到越来越广泛的使用。例如，波音 787 客机中碳纤维复合材料的占比已经达到了 50%。由瑞士制造的全球最大太阳能飞机"阳光动力 2 号"，其翼展达到 72m，比波音 747 客机还要宽，但其重量只有 2.3 t，相当于一辆小汽车的重量，它实现减重的关键在于其整体结构的 80% 都采用了蜂窝状的碳纤维材料 [19]。除航空航天领域外，碳纤维复合材料还在能源、消费品等行业的多个创新产品中得到应用，如风力发电机叶片、高尔夫球棒、自行车、汽车等。

图 2.15　全机身 80% 为碳纤维材料的"阳光动力 2 号"
（资料来源：http://cn.engadget.com/2015/03/08/solar-impulse-2-round-the-would-flight-take-off/.2015-12-07）

2.3.2　材料的光学特性

材料的光学特性，是指光波与材料的相互作用而使材料表现出的特性，包括各种线性（吸收、反射、透射、散射等）与非线性的光学效应（旋光效应、克尔效应等）。在工业设计中，利用材料的光学特点进行创新设计的例证非常多，例如工艺品对玻璃明亮、透明的外表的利用，或者电子产品流行的对金属光泽表面的利用。不过，在创新设计中，对材料的光学性质的利用并不仅限于产品的外观，历史上棱镜、透镜的发明，就是利用玻璃的光学性质进行的伟大创造。如今，材料的光学特性更是被应用于光制解调器、激光发生器、光学传感器、精密测量器等多个领域。

21 世纪以来，人们试图使用一些周期性或非周期性排列的微结构，制造出能够以不同于块体材料的方式影响电磁波或声波的新式复合材料，从而具有天然材料所不具备的超常物理性质，例如负折射率，超透光性等。负折射率材料阵列如图 2.16 所示。这类材料被称作"超材料"（metamaterial）。超材料的特性并非源于基体材料本身，而是通过基体材料的形状、几何尺寸、大小、方向和排列方式的精确设计来确定超材料的属性。因为超材料拥有超过人们传统认知的行为方式，基于它们所产生的产品往往也会带来令人惊叹的性能，这对未来的新一代通信、光电子 / 微电子、先进制造产业及隐身、探测、核磁、强磁场、太阳能及微波能利用等技术将产生深远的影响。

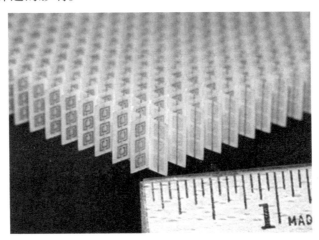

图 2.16　负折射率材料阵列

（资料来源：https://en.wikipedia.org/wiki/Metamaterial#/media/File:Split-ring_resonator_ array_
10K_sq_nm.jpg.2015-07-14）

2.3.2.1　超透镜

超材料的重要应用之一就是制造超透镜。普通透镜受量子力学测不准原理的制约，存在"衍射极限"，最佳分辨率为用于产生图像的入射光波长的一半。同时，衍射会使光波逐渐消散在传统透镜中，导致"波衰减"。具有负折射率的超材料能解决该问题并可以使仅有纳米尺寸的物体成像。利用超材料制造的透镜在理论上是一种完美的光学透镜，它可以让人用肉眼观察到血液中的微生物甚至纳米尺度的病毒，极大地推动了医学和生命科学的发展。不过，这种超材料的完美透镜很难实现，其中一个最大挑战是超材料会吸收光波，即光波无法没有损耗地通过透镜。

2015年7月，密歇根理工大学（Michigan Technological University）Durdu Güney教授带领的研究组开发出一种可以使光波无损地通过超材料的方法，并将研究成果发表在 Physical Review Letters 上。研究人员将银薄膜作为超材料的基本构建材料使用。为了让光波无损耗地通过透镜，研究人员通过等离子注入的方法，创造了一种相干光放大技术来补偿光波在超材料中的损耗。借助这种技术，研究人员了解到哪种光波会在通过负折射率介质时产生损耗，并选择这种"牺牲光波"来保护需要的光波，使其无损通过超材料[20]。密歇根理工大学的这一新材料技术，使得实现"完美透镜"成为可能。

2.3.2.2　超材料隐形斗篷

隐形斗篷是一种人们幻想出的经常在神话传说和科幻小说中出现的神奇物品，一直未能成为现实。不过，借助超材料的特殊性质，一定程度上的隐身斗篷已经初具雏形。超材料能够引导和控制特定光谱部分的光波按特定的途径传播，通过这种途径使入射波绕过物体而不被其吸收、折射、反射，实现对物体的隐藏。

2013年，美国斯坦福大学的工程师在前人的工作基础上设计了一种可以隐形的"超材料"，其结构在设计上可以引导电磁波绕过物体，只让它们在物体的另一侧出现，就好像穿过一个空无的空间，达到让物体隐形的效果。最特别的是，这种材料的色域折射范围几乎囊括了各种可见光的颜色。斯坦福大学表示，基于这一原理，将可能制造出真正的肉眼隐形斗篷。

图 2.17　超材料隐身衣

（资料来源：http://www.awaken.com/2013/12/making-waves-in-the-hunt-for-invisibility
-other -benefits-seen/.2015-08-26 ）

2.3.3　材料的能量转换特性

能量的相互转换是一种基本的科学过程，这一过程在自然界和人类社会中几乎无处不在，光合作用、摩擦生热、电磁感应等都是能量转换的表现。在人类的创新产品中，利用能量转换的例证也不胜枚举：发电机将动能转化为电能，电暖炉将电能转化为热能，光伏电池将光能转化为电能等。能量之间的转换不会凭空发生，能量转换过程需要物质的参与，因此，在任何以能量转换为功能特点的创新产品中，材料必然是其中的关键，材料能量转换的效率、灵敏度、精度、稳定性等特性，是决定创新设计是否成功的关键因素。

2.3.3.1　纳米发电机

在现代的多种电子产品中，大量使用了各类传感装置，从感应光线的图像传感器，到感应重力的加速度计，再到感应温度的温度传感器、感应压力的触控屏幕等，不胜枚举。传感器是一切电子设备感知外界环境的"神经元"，它的作用是将外部环境的各种物理、化学信息转换为电信号或其他形式的信息，以满足信息的传输、处理、存储、显示、记录和控制等功能。传感器中发挥关键信息转换作用的就是各种换能材料，如压电材料、光敏材料、热电材料、磁致伸缩材料等。今天，电子产品创新设计的趋势是不断微型化、便携化，这就要求其内部传感器的尺寸也随之不断缩小，微米级的传感器已经屡见不鲜，随着技术的精进，换能材料与器件正在逐步向纳米级靠近。纳米发电机就是在这一趋势下出现的最新创造之一。

纳米发电机是一种将小规模物理变化产生的机械能或热能转化为电能的器件。它通常有三种类型：压电式纳米发电机（见图2.18）、摩擦电式纳米发电机和热电式纳米发电机。

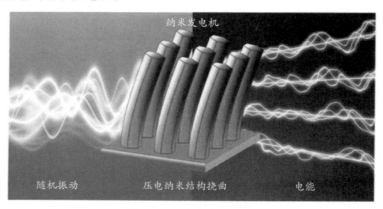

图2.18　压电式纳米发电机

（资料来源：http://www.sciencedirect.com/science/article/pii/S2211285511000085.2015-09-13）

2010年，美国佐治亚理工学院（Georgia Institute of Technology）材料科学和工程系教授、中国科学院外籍院士王中林基于压电材料合成的纳米线，成功制造出可以将机械能转化为电能的纳米发电机。他们制造的纳米发电机能够给传统的小型电子设备提供电力，点亮一台小型液晶显示屏。这种纳米发电机的实现，依靠的是一种基于规则排列的氧化锌纳米线阵列。在衬底上生长出的竖直的纤锌矿结构氧化锌同时具有半导体性能和压电效应。这种独特结构的氧化锌纳米线能够在弯曲时在内部和外部表面产生极化电荷，从而将机械能转化为电能。这种纳米发电机的能量转换效率达到了17%～30%。

与传统压电材料相比，基于纳米压电材料的纳米发电机在能量转换效率、多方向发电能力、体积、生物相容性，以及加工工艺兼容性方面都更具有发展优势。以氧化锌纳米线发电机为例，这种纳米发电机体现非常小，几乎无法用肉眼观察到，因此，很容易将其封装在柔性聚合物材料中，并植入生物体内。这种发电机可以以任意方向捕获体内机械能，不必以特定的阵列排列，因此可以利用呼吸、血液流动、心脏跳动等多种自然机体行为发电。纳米发电机可以与各种微机电系统器件整合，其产生的电能足够供给纳米器件或系统所需，从而实现自供能。此外，这种纳米发电机不像许多压电材料那样需要有毒重金属，这使其非常环保，而且嵌入人体内也不会有损健康。它们还可以在低于水的沸点的温度，即低于制造标准电子元件所需的温度下制成。

这种极具便携性和高效能的纳米发电机将为包括可穿戴设备在内的诸多创新产品带来革命。首先，人们仅凭借自身的身体能量就能够为各种设备供电，无须再携带笨重的移动电源系统，这将大大地缩小移动设备的尺寸，从而极大地丰富移动产品的类型和外观设计。其次，各类移动设备可获得不中断的电能供应，这对于医疗保健电子产品具有重要意义，对人体各种健康指标的采集可以做到随时随地，为医护工作者提供大量准确丰富的数据，此外，对于依赖如心脏起搏器等随身携带关键医疗辅助器件的患者，也将不必担忧电源中断的问题。

2.3.3.2 半导体发光材料

白炽灯的发明使得人们首次掌控了电能向光能的转换。随后，卤素灯、荧光灯、LED 乃至 OLED 等各色发光产品相继出现。发光器件不断升级进步的背后，实质是发光材料的变迁，从钨丝到荧光粉，再到无机发光半导体，然后到有机发光半导体，材料的发光效率越来越高，光谱范围越来越广，并且在体积、稳定性、寿命等方面的表现也越来越出色。这使得 LED、OLED 等以半导体发光材料为基础的创新产品获得了巨大的应用空间，不仅仅是照明领域，交通、电子、娱乐等多个领域中的创新设计都因此获得推动，还进一步地催生了如指示灯、移动设备背光源、电视显示屏等多种创新产品。

LED 是一种通过半导体 PN 结将电能转化为光能的器件。早在 20 世纪 60 年代，人们就使用砷化镓等半导体材料制造出了红色、黄色的 LED。由于缺乏蓝光 LED，人们难以利用 LED 发出白光，大大地限制了 LED 的使用范围。1932 年，约翰森（W. C. Johnson）等科学家首次合成了氮化镓的小晶粒和粉末。这种材料在高频和高温条件下能够发出蓝光的特性一开始就吸引了半导体开发人员的极大兴趣。20 世纪 70 年代初，美国无线电公司的科学家团队制造出了第一个氮化镓 LED。不过，当时他们使用的"金属－绝缘体－半导体"结构的效率非常低。1993 年，日亚化学研制出了世界上第一支使用氮化镓 PN 结发光的蓝光 LED。自此，人们可以使用 LED 发出从红到蓝等较广光谱范围的光波，并组合成为白光 LED，以 LED 为基础的产品设计范围，才从简单的霓虹灯和指示灯，拓展到高品质照明、大屏幕显示、背光源等多个领域。红、绿、蓝三色 LED 如图 2.19 所示。

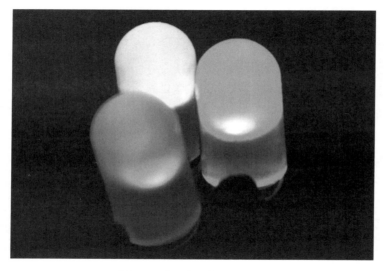

图 2.19　红、绿、蓝三色 LED
（资料来源：https://en.wikipedia.org/wiki/File:RBG-LED.jpg .2015-10-24）

2.3.4　材料的生物学特性

在材料丰富的产品应用形式中，生物医学应用是较为特殊的一种。这类应用直接与生命组织接触与交互，因此对材料的生物相容性、稳定性、可降解性、强度、硬度、柔韧度等都有非常特殊的要求。拥有这类特性的材料可以是天然的材料，也可以是金属、聚合物、陶瓷、复合材料等人工材料。这一类材料也被称为生物材料。国际标准化组织（International Standard Organization, ISO）将其定义为"以医疗为目的，用于和活组织接触以形成功能的无生命材料"。

基于生物材料进行的创新设计，往往能够对人体组织或器官起到关键的诊断、修复或替换的作用，对于现代医学具有重要意义。例如，如图 2.20 所示，人造骨骼、人工瓣膜等基于生物材料的医疗创新产品的诞生，为改善患者的生存质量，挽救患者生命做出了重要贡献。

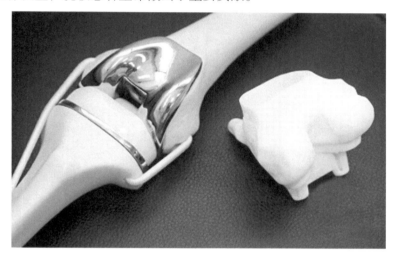

图 2.20　生物医用植入材料

（资料来源：http://www.3healthcare.com/news-two_en_show.php?id=266.2015-10-05）

2.3.4.1　智能药物释放系统

智能药物释放系统是一种能够在特定的时间，以合适的速度和剂量释放药物到病灶位置的医学创新设计。这种智能给药设计能够通过体内病灶处的信号，或体外的热、电场、磁场等信号对药物的释放进行控制，达到改善药物疗效，降低副作用的目的。

智能聚合物材料的出现和发展为智能药物释放系统的研究与应用打下了基础。作为药物释放的载体，智能聚合物材料在这一系统中将传感、处理与执行功能集于一身。智能聚合物材料不仅需要能够接受外界的刺激信号并对其做出响应，控制药物释放的时间、地点和速度，而且还必须具有良好的生物相容性，必须能在体内代谢、分解或易于排泄。

智能水凝胶是该领域中被研究得较多的智能聚合物材料之一。例如，有研究人员采用对 pH 值有响应性的凝胶材料作为药物包埋基质，利用凝胶在不同 pH 值下溶胀度、渗透性能的不同来控制药物的释放。还有研究者采用温敏性凝胶材料，利用温度刺激控制凝胶在水中的膨胀和收缩，起到控制药物释放的作用。此外，还有一些水凝胶材料可以对葡萄糖、抗原、外部力场等产生反应，也被用于制作智能药物释放系统 [21]。

智能药物释放系统在生物医学领域的进一步发展，依赖于材料科学和生物技术的深入研究。开发具有高效的药物控释性、良好生物相容性和可降解性的智能材料，包括智能聚合物材料，以及具有特殊性能纳米材料和纳米颗粒，是药物释放系统发展的关键。

2.3.4.2　人工器官

人工器官在人类发展历史中并不是一个新鲜的课题，古人们就曾经利用天然材料制造过假牙、假鼻、假耳等人工器官。现代生物材料的发展，大大地丰富和拓展了人工器官的种类和应用范围。不锈钢、铸造钴基合金、钛合金等医用金属材料，以及有机硅、丙烯酸酯及其共聚物、聚氨酯、有机氟等医用高分子材料，使人造义肢、人工耳蜗、人工心脏、人工皮肤、人工肾脏等许多人工器官得以成功地被用于临床，修复了患者病损器官的功能，挽救了患者的生命。随着生物材料性能的不断提高，以及包括 3D 打印在内的先进制造技术的应用，如今除了人脑之外，大部分的人体器官都处于人工模拟研制中，并且功能越来越接近人体的自然器官。

传统人工耳的材料密度与泡沫聚苯乙烯近似，其质感与真耳相差较大，美国康奈尔大学（Cornell University）生物工程系副教授 Lawrence Bonassar 研究组与医学院的研究人员合作，利用 3D 打印技术和活细胞制作的可注射凝胶，对人工耳的制造进行了创新设计，创造出在外观与行为上可与真耳媲美的人造耳朵（见图 2.21）。研究人员先用快速旋转 3D 相机拍摄患者的耳朵信息，输入计算机形成 3D 图像，然后按照图像用 3D 打印机打出固体模板，并在其中注入一种高密度胶原蛋白凝胶，该凝胶中含有能生成软骨的牛耳细胞。数周后，软骨逐渐增多并取代凝胶，3 个月后软骨会形成柔韧的外耳，替代最初用于塑形的胶原蛋白支架。这种几乎可以乱真的工程生物耳技术作为整形外科手术的一种方案，可以为先天性小耳畸形患儿和那些因其他原因失去部分或全部耳廓的人带来帮助[22]。

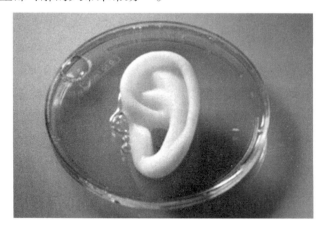

图 2.21 人造左耳

（资料来源：http://catherinealdrinbio.wix.com/artificial-organs#!untitled/zoom/cqxg/image_7ao.2015-10-16）

2.4 材料的资源经济性

工业革命以来，人类在各个领域内进行的创新设计，一方面大大地提高了生产力，创造出物质丰富的现代社会，给人们提供了更便利的生活方式，更舒适的生活环境，但另一方面，人类生活品质的提升和工业生产力的进步也急剧加速了资源、能源的消耗，并对地球的生态环境造成了巨大的破坏。例如，煤炭、石油等化石能源被现代工业大规模应用后，带来了大量的二氧化碳排放，造成难以逆转的温室效应；纸张的大量应用，造成了大面积的森林被砍伐，当地生态平衡被破坏；塑料的使用在方便了人类生活的同时，其废弃物也给环境带来了巨大污染。

为了整个人类社会的可持续发展，现代的创新设计不仅需要满足人们对于新颖、美观、舒适等外在感官需求，以及易用、强大、便捷等内在功能需求，同时还需要兼顾产品对资源、社会、经济、环境的影响。创新产品是否环保，是否节能高效，成本是否可以被社会和环境所承受，是否具有可持续发展性，都是创新设计需要考虑的因素。因此，对于创新设计的物质载体——材料而言，它的资源环境属性和社会经济属性也是至关重要的。

2.4.1 材料的绿色环保特性

在人类认识到环境保护的重要战略意义，世界各国纷纷走可持续发展道路的背景下，材料与创新设计需要更多关注产品的生产、运输、应用、回收和再制造的全生命周期，追求对资源的高效循环利用，环境材料的概念开始逐渐为人们所熟知，并且日益受到社会各界的关注。

日本学者山本良一在20世纪90年代初首先提出了环境材料的概念，用于指代那些具有较低环境负荷和较大再生率的材料。环境材料不是一种完全独立的材料种类，也不全是高新技术材料。这类材料具有三个特征：①良好的使用性能；②较高的资源利用率；③对生态环境无副作用或对环境影响较小。环境材料创新的主要内容是在环境负荷与材料性能之间寻找合理的平衡点，开发设计具有环境相容性的新材料及产品，并对现有材料进行环境协调性改进。

按照环境材料对社会的影响进行分类，可分为可降解材料、可再循环制备与使用的材料、环境相容性材料，以及环境工程材料。

2.4.1.1 可降解材料

材料的可降解现象是指材料在光、水、氧气、微生物等条件的作用下，产生分子量下降与物理性能降低等现象，并逐渐被环境消纳吸收。可降解材料按照降解类型可分为光降解、光/生物降解、光/碳酸钙降解、光/氧/生物降解、完全生物降解、崩坏性生物降解等。这类材料实质上是赋予材料以特别优异的环境协调性，它是在材料工程师有环境意识的设计下，通过开发新型材料，或改进、改造传统材料所得到的。

生物可降解塑料是可降解材料之一，包括聚羟基脂肪酸酯（PHA）、聚己内酯（PCL）、聚甘醇酸（PGA）、聚乳酸（PLA）、聚丁二酸丁二醇酯（PBS）以及淀粉基塑料等。理想的生物可降解塑料是一种既具有优良的使用性能，同时废弃后又可被环境微生物完全分解成为无机物，可以重新进入自然界循环的有机高分子材料。因此，相对于传统的以石油为原料的不可降解塑料，生物可降解塑料给环境带来的负面影响较小，这使它得到广泛的研究，其应用也较为成熟。

　　生物可降解材料（见图 2.22）的研究始于 20 世纪 70 年代，英国科学家 G. J. L. Griffin 提出在对性聚合物中加入廉价的可生物降解的天然淀粉作为填充剂的观点，并申请了第一个淀粉填充乙烯塑料的专利[23]，开发出一种采用淀粉与聚乙烯共混然后滚压成膜得到的生物降解型聚乙烯。这种新材料的出现引起了人们对生物可降解塑料的关注，引发了生物可降解塑料研究与开发的浪潮，相关专利、文献和产品相继出现。目前，生物降解塑料的主要应用领域包括食品的软硬包装、农用薄膜、一次性塑料袋、一次性餐具等。随着人们环保意识的逐渐增强，以及各国政府，特别是发达国家政府对不可降解塑料的限制使用，生物可降解塑料已经成为传统塑料优良的替代品。不过，目前的生物可降解塑料仍然存在许多问题需要解决，如机械强度不足、视觉效果不佳、生产成本偏高、消耗大量粮食与经济作物等。

图 2.22　生物可降解塑料

（资料来源: http://green-plastics.net/posts/96/what-makes-biodegradable-plastic-degrade//. 2015-10-19）

2.4.1.2　可循环材料

玻璃、金属，以及部分的纸类、塑料和布料等材料，属于可循环再利用的材料，可以将使用过的这几类材料回收并通过一系列处理变为新的产品和材料。这样可以有效地阻止潜在的材料浪费，减少原材料的损失，降低能耗，控制空气污染和水污染。许多创新设计在产品中大量使用了这类材料来替代那些不可回收的材料，并加以改进以满足产品功能的需求，力图在产品设计中体现出绿色环保的理念。例如，意大利产品设计师 Andrea Ponti 以天然棉和再生纸层作为材料，为 2015 米兰世博会设计出一款创意环保水壶——Life 纸水壶（见图 2.23），可以取代人们在参观期间使用的塑料水瓶。这种水壶不仅采用了可循环利用的纸作为产品的主材料，其制作过程也不含任何化学油墨或者粘合剂，完全通过棉线手工缝制而成，而且有利于回收再利用。这款利用环保材料的创意设计旨在宣扬环保理念并提高人们的环保意识，在游人参观结束后水壶将被回收再利用。

图 2.23　2015 米兰世博会环保 Life 纸水壶
（资料来源：http://instreet.net/andrea-ponti-for-the-milan-expo-2015-paper-bottle-design/. 2015-11-21）

2.4.2　材料的能源经济特性

目前，全世界面临的核心战略问题之一是建立充足、清洁、经济和安全的可持续发展能源结构，科学高效地利用和开发能源。高效、清洁、绿色的能源创新与新能源材料的发展密不可分。例如，太阳能光伏电池及系统制造业是以硅原料的分离、提纯和多晶材料的制备为基础和前提的；核电的发展离不开核燃料、核级不锈钢等材料的发展；风能的发展离不开高性能风机叶片材料的发展；燃料电池离不开质子交换膜、催化剂的发展；新能源汽车行业的发展离不开铝合金、碳纤维复合材料等轻量化材料，同时需要锂电、燃料电池材料、驱动电机材料等的发展。目前，新能源材料已经成为世界各国发展低碳经济的重点突破方向和技术制高点。

在能源领域的创新设计中，与材料相关的创新点体现在：①对新材料、新结构、新效应、新工艺的应用，以提高能量的利用效率和转换效率；②对原材料资源的合理利用，减少材料的使用量，降低材料的使用成本；③降低对环境、健康与安全的影响。

2.4.2.1　石墨烯电池与电容器

自 2004 年英国曼彻斯特大学（University of Manchester）物理学家 Andre Geim 和 Konstantin Novoselov 成功从石墨中分离出石墨烯，并证实它可以单独存在以来，石墨烯这种单原子层的物质就因其具有的奇特电子和机械性能引起了世界范围的研究热潮。科学家们认为，石墨烯有望彻底变革材料科学领域。在动力电池、LED 散热、超级电容器等新能源领域，石墨烯都有潜力大幅提升这些领域内产品的效能，缩小产品的尺寸，带来更好的产品体验。

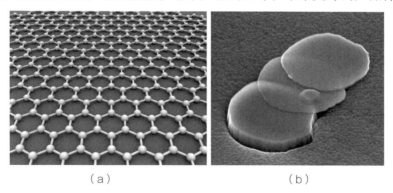

（a）　　　　　　　　　　（b）

图 2.24　石墨烯.（a）石墨烯原子结构模型；（b）石墨上剥离的石墨烯
（资料来源：https://en.wikipedia.org/wiki/Graphene.2015-10-22
http://www.wired.com/2013/04/tracking-graphenes-move-from-science-project-to-money-machine/.2015-11-01）

在新型的电池和电容器应用中，石墨烯和过渡金属相关材料被广泛研究，以制作出超薄、柔性，且机械和热稳定性好的电极材料。例如，在锂离子电池中，石墨烯用作锂离子电池阳极材料添加剂，可将比电容大幅提高到 750 mAh/g，两倍于石墨阳极；石墨烯与过渡金属氧化物的复合材料也可用于电池阴极材料，用来制备柔性薄膜型锂离子电池。研究人员预测，基于石墨烯相关材料的新型锂空电池，可以达到 39,714 Wh/kg 的高能量密度，以及 15,000 mAh/g 的高比容量。

在超级电容器中，拥有高比表面积和电导率的石墨烯电极可以实现超过 1,200 F/g 的比电容和 100 A/g 的电流密度。在欧洲石墨烯旗舰计划制定的未来 10 年石墨烯科技路线图中，研究人员提出石墨烯超级电容器将推动以下领域的创新：①提高电力电子系统，特别是电力运输与推进系统的运行效率（降低能量损耗、改善电能质量、直流输电等）；②高效可再生能源以及并网发电相关的电力电子系统；③为发电系统和智能电网系统提供高效的电网设备；④采用高效电动／混动推进系统的电动汽车领域；⑤基于无线通信技术的电力电子驱动器远程监控系统，基于广域网和无线通信技术的分布式工业对象远程监控系统[23]。

2.4.2.2 染料敏化纳米晶太阳能电池

染料敏化纳米晶太阳能电池是模仿自然界中的光合作用原理研制出来的一种新型太阳能电池。它的核心材料是纳米多孔二氧化钛膜和染料光敏化剂，是一种有机与无机材料组成的复合体系。与传统的硅基太阳能电池相比，染料敏化纳米晶太阳能电池具有成本低廉、来源丰富、性能稳定、结构与工艺简单等优点。由于结构和工艺简单，染料敏化纳米晶太阳能电池可以用印刷的方式进行大面积的大量生产；因为使用的是有机染料，所以可以将其制成柔性太阳能电池。

染料敏化纳米晶太阳能电池被认为是 21 世纪可能取代化石能源的可再生、低能耗的关键能源技术之一。1991 年，瑞士科学家 Michael Grätzel 发表了以较低成本得到光电转化效率 >7% 的染料敏化太阳能电池的文章，开辟了太阳能电池发展史上的一个崭新时代。近 10 年来，美国、德国等国家，以及中国台湾等地区相继持续投入染料敏化纳米晶太阳能电池的研究。染料敏化纳米晶太阳能电池的光电转化效率已能稳定在 10% 以上，据推算寿命能达

15 ～ 20 年，并且其制造成本仅为硅太阳能电池的 1/10 ～ 1/5。与传统硅基太阳能电池相比，染料敏化纳米晶太阳能电池具有低照度的特性，在阴天、室内也能运作，捕捉太阳能将不再受时间及天气因素的限制，未来如果能将染料敏化纳米晶太阳能电池低成本化，其高效能、多色彩、可透视、可弯曲的优势将会使它未来的商业化效率超越硅基太阳能电池。人类一直畅想研制出模仿自然界光合作用的人工树叶，届时能源问题或许就能得到根本性解决。

2.4.3 材料的资源节约特性

从市场经济学角度，进行创新设计的最终目标是得到市场的认可，如何以尽可能低的成本满足产品的预期需求，是进行绝大多数创新设计必须考虑的重要问题，这样才能够使尽可能多的用户接触到创新产品，为设计者、生产者带来最大收益。从社会发展的角度而言，无论发达国家的工业化历史还是我国的发展历程，都曾出现过大量生产、大量消耗、大量废弃的现象，导致水、能源、原材料等资源短缺，并带来严重的环境污染。因此，创新设计必须考虑对资源的节约利用。资源节约型的创新设计对于改善生态环境，保持自然资源（特别是稀缺资源），提高产品科技含量，提升产业竞争力，促进经济向更优质的方向发展，建设可持续发展的社会具有重要的意义。

创新设计中，与材料相关的资源节约特性可以体现在三个方面：①降低原材料的使用量，用更少的原材料实现同样的功能；②使用功能特性相同或近似，但成本较低、资源量丰富的材料进行替换；③使用可循环利用的材料进行设计。

2.4.3.1 稀土替代材料

稀土广泛应用于电子信息、航空航天、环境保护、新能源汽车和风力发电等部门，是未来新兴产业发展必需的关键性战略资源，特别是在能源的清洁生产和高效利用领域，更是发挥着难以替代的作用。发达国家均将稀土新材料及其相关应用产业作为重点发展领域。

自 20 世纪 50 年代开始工业应用以来，全球稀土消耗量增长迅猛。2010

年，全球稀土产量达到 13.3×10^4 t。尽管稀土元素（见图 2.25）在地壳中的含量并不低，但这些元素很少富集成可供开采的矿床，因此能查明的资源较少，在全球的分布极不均衡。据美国地质调查局（United States Geological Survey, USGS）公布的数据，截至 2011 年，全球稀土储量估计为 1.1×10^8 t，中国占比超过 48%，产量约占全球总量的 97%。可见，稀土属于典型的存量有限但用途广泛的资源。

近年来，出于环境保护和资源合理开发的考虑，中国政府加强了稀土资源保护措施的执行力度，强化了出口配额管理，导致国际市场供应偏紧，价格高涨。对于依赖稀土资源进行高科技产品开发生产的国家而言，一方面，开始寻找中国以外的供应源，加大了对稀土的勘查开发力度；另一方面，积极展开科学研究，寄希望于用廉价、储量丰富、可再生的材料代替稀土等稀缺资源。

图 2.25　各种稀土元素

（资料来源：https://ds.lclark.edu/soan498/2014/12/05/chinas-rare-earth-stranglehold/. 2016-03-03）

以日本为例，高科技产业是日本的经济支撑。日本是稀土的消费大国，但在资源上却极其匮乏。为了摆脱在稀土资源方面对进口的高度依赖性，日本高科技产品的零部件厂商和大学等研究机构都在加紧开发摆脱依赖稀土资源的技术。根据日本经济产业省发布的 2010 科学与技术白皮书，经济产业优先的研发项目包括开发稀有金属的替代材料及开发稀有金属的高效回收系统，具体的研究工作主要由其下属新能源与产业技术综合开发机构（the New Energy and Industrial Technology Development Organization, NEDO）开展，其目标是降低铟、镝、钨三种矿物的使用量。日本文部科学省也制订了"元素战略计划"，目的是在不使用稀有元素或者危险元素的前提下开发高性能材料，并在充足、可用、无害的元素中展开研究。

除日本以外，美国、英国等多个国家也在集中资源进行研发，试图减少对稀有元素的依赖，开发出相应的替代材料。如欧洲的"关键原材料创新网络"项目，美国能源部、英国工程和物理科学研究理事会的投资项目等。

近年来，稀土替代材料的研究已经取得了部分进展。例如，2011 年，日本东京大学 Migaku Takahashi 的研究团队利用铁、氮两种元素合成得到磁性氮化铁粉末。据称，该技术有望帮助日本厂商在无需钕、镝等稀土元素的条件下，制备出可供混合动力汽车、家电等使用的电机，预计将在 2025 年左右投入实际应用。美国达特茅斯大学的 Baker 课题组研制出一种新型的纳米锰铝磁体，尽管他们研制的材料在磁性上还无法与稀土磁体相媲美，但相对于在马达、传感器和麦克风等领域有广泛应用的铝－镍－钴磁体来说，他们的产品已具成本上的优势。

参考文献
REFERENCES

[1] 陈小明. 企业创新之道 [M]. 北京：清华大学出版社，2004.

[2] 范德清，魏宏森. 现代科学技术史 [M]. 北京：清华大学出版社，1988.

[3] 张锡. 设计材料与加工工艺 [M]. 北京：化学工业出版社，2010.

[4] Panton chair[Z/OL]. [2015−12−05]. https://en.wikipedia.org/wiki/Panton_Chair.

[5] Verner Panton. [2015−8−30]. http://1cm.life/news_detail.php?nid=2476.

[6] 材料的感官世界——设计师如何进行材料选择 [N/OL]. [2014−12−05]. http://www.materialsnet.com.tw/DocView.aspx?id=6636.

[7] Glass house[N/OL]. [2014−07−08].https://en.wikipedia.org/wiki/Glass_House.

[8] iPhone4 到 iPhone6 的设计、制造工艺历程浅析 [Z/OL]. [2015−08−14]. http://www.codeceo.com/article/iphone-4-to-iphone-6-design.html.

[9] 液态金属：神奇材料焕发新生机 [N/OL]. [2015−03−15]. http://news.sciencenet.cn/htmlnews/2013/8/280890.shtm.

[10] 周睿. 基于触感体验的产品设计视角初探 [J]. 艺术探索，2009，23（1）：119−122.

[11] BRADLEY. 为盲人特别设计的触觉手表 [N/OL]. [2015−08−06]. http://www.leiphone.com/mews/201406/bradley.html.

[12] BRADLEY. 每个人都 能用的盲人手表 [N/OL]. [2014−11−13]. http://cn.technode.com/post/2014−09−24/bradley/.

[13] Electroactive polymers [Z/OL]. [2015−06−15]. https://en.wikipedia.org/wiki/Electroactive_polymers.

[14] 吕佳琪. 材料触感在产品包装设计上的应用研究 [J]. 中国科技博览，2014，46：262−262.

[15] 侯明勇，何征. 原研哉设计的生态启示 [J]. 包装工程，2012，34（10）：23−26.

[16] HAPTIC，第五感的到来 [Z/OL]. [2015−11−13]. http://www.zte.com.cn/cndata/magazine/mobile_world/2015_1_1/2/magazine/ 201504/t20150430_433641.html.

[17] Historical Background on Vse of Aluminum at Aud[N/OL]. [2015−11−25]. http://www.audiworld.com/news/02/aluminum/content1.shtml.

[18] 院士：中国钛合金航空材料需增强原始创新能力 [N/OL]. [2016− 03−12]. http://news.ifeng.com/mil/4/detail_2014_03/27/35196199_0.shtml.

[19] 张亦筑. 院士专家解密"阳光动力 2 号"[N]. 重庆日报，2015−03−19（4）.

[20] Bringing Back the Magic in Metamaterials[N/OL]. [2015−08−24]. http://www.mtu.edu/news/stories/2015/july/bringing-back-magic-metamaterials.html.

[21] 林松，张志斌，张琨，等. 智能药物释放体系的应用及研究进展 [J]. 国际药学研究杂志，2008，35（4）:271−274.

[22] Bioengineers, physicians 3−D print ears that look, act real[N/OL]. [2014−12−19]. http://www.news.cornell.edu/stories/Feb13/earPrint.html.

[23] GRIFFIN G J L. Biodegradable Plastics[P]Ger. Offen. Patent, 2322440. 1973−11−29.

[24] FERRARI A C, FRANCESCO BONACCORSO F, FAL'KO V, et al. Science and technology roadmap for graphene, related two-dimensional crystals, and hybrid systems[J]. Nanoscal, 2015, 7: 4598−4810.

第3章

创新设计是材料的
发展引擎

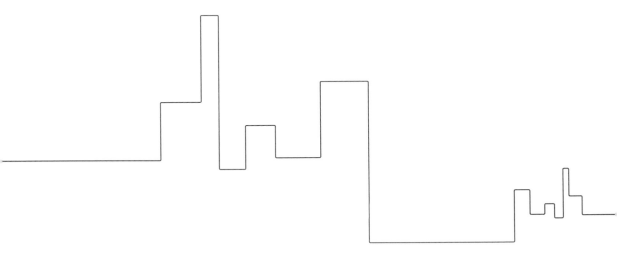

3.1 创新设计对新材料的需求

21 世纪是充满竞争和挑战的一个世纪。我国制造业面临着发达国家重振高端制造和发展中国家低成本竞争的双重压力。为使我国尽快从制造大国转变为创造强国，制造业首先要摆脱对发达国家模仿、跟踪的发展模式，这就必须要实施创新驱动发展的战略，走中国特色的自主创新道路，利用创新设计提升产品的附加值和竞争力。

创新设计是为了满足人类物质、精神以及环境需求而从事的一种创造性活动。由于设计阶段就决定了产品整个生命周期 80% 的经济成本和环境、社会影响，所以设计在整个系统中具有举足轻重的作用，是制造和发展的基础和源头。创新设计的本质是创新，创新设计与材料技术、制造技术的交叉融合、相互促进将是未来发展的趋势和热点，能够引发制造业的全面变革，加快传统产业升级，加速新兴产业的形成。

进入网络信息时代后，一方面，空天海洋、深部地球、超常环境（超高温、超低温、超高压、强辐射、超强腐蚀等）、超常尺度、超常功能、生物医学工程、介入治疗、人造器官等将成为设计制造与材料创新的新领域和新目标；另一方面，人们将致力于设计创造利用绿色材料与制备工艺、超常结构功能材料、可降解、可再生循环材料，以及具有自感知、自适应、自补偿、自修复功能的智能材料等，而材料的设计、制备、表征、成材、成器，也将基于网络和信息知识大数据、云计算，将融合理化生等工程技术创新，将融合理论、实验与计算仿真、大数据等科学方法，将依靠高时间、空间、能量、元素组成和多尺度结构的精确测量与表征。因此，未来的设计与材料创新将具有鲜明的绿色低碳、网络智能、超常融合、可持续发展特征。

于 2015 年研制成功的阳光动力 2 太阳能飞机（见图 3.1），

就是创新设计的一个成功案例。阳光动力 2 号翼展达 72 m，比波音 747 还要宽；这样一个庞然大物的重量却只有 2.3 t，和一辆小汽车相当，不到波音 747 的百分之一。飞机做得如此之轻，得益于骨架、太阳能板、电池、涂料及其各个部件都使用了超轻材料。

图 3.1　阳光动力 2 太阳能飞机

在能源的利用率上，覆盖阳光动力 2 号机翼的 17, 248 块薄膜太阳能电池的能量转化率达 22.7%，而发动机能效则高达 94%，让普通热力发动机 30% 的能效相形见绌。这架"空中实验室"大部分的材料来自欧洲跨国化工集团索尔维（Solvay）。索尔维为阳光动力 2 号研发了超过 13 项超轻材料和新技术，制造了 6000 余个部件。飞机的电池、驾驶舱等部分的材料全都来自索尔维。机身使用的碳纤维蜂窝夹层材料也是索尔维的产品，这种材料每立方米仅重 25 g，密度是纸张的 1/3，却能达到连续飞行所要求的强度。机翼上覆盖的太阳能电池板来自美国加州的光伏企业 SunPower。这些太阳能板转化率为 22.7%，厚度却仅有 135 μm，相当于人类的一根头发丝，还可以轻微弯曲。与能量的转化率只有 18% 左右的普通家用太阳能电池相比，它有着更高的能效；与人造卫星上转化率高达 30% 的太阳能电池相比，它又做到了更轻、更薄。另外，拜耳材料实验室（Bayer Material Science）为阳光动力提供了多种高科技材料，包括超轻的碳纳米管、聚氨酯绝缘材料等。如在驾驶舱内部采用了拜耳材料科技保温隔热材料 -Baytherm® Microcell（微蜂窝硬质聚氨酯泡沫塑料），其保温隔热性能超出目前标准的 10%[1-2]。

除了这些公司外还有瑞士的 ABB、迅达集团（Schindler）、欧米茄和 Swatch 等 80 家合作伙伴共同完成了这架太阳能飞机的设计制造。未来的创新设计正是需要材料和设计制造单位协同作战，集合各自的优点来完成创新过程[1]。

材料既是人类赖以生存和发展的物质基础，又是国家现代工业和高新技术发展的核心竞争力。依靠创新设计拉动制造业转型发展，需要根据创新设计的趋势和特点明确未来对材料的需求。虽然我国有许多基础原材料储量居于世界前列，但过去粗放式发展模式导致无论基础材料还是先进材料在制备过程中并不关注能耗和对环境的影响，创新设计将材料技术、制造技术视为一体，在更高层次上设计符合国家可持续发展需求、与环境更加相容的新一代装备。

3.1.1　创新设计对轻量化材料的需求

3.1.1.1　轻金属材料

采用轻量化材料设计制造的结构能够减轻装备的重量，会显著降低能源消耗，是实现节能环保的直接手段。

2015 年，我国汽车保有量达 1.72 亿辆，而到 2020 年，我国汽车保有量将跃升至 3 亿辆。由于 85% ～ 90% 的汽车仍是以石油为动力能源，因此汽车保有量的迅速增加，使得环境污染和资源消耗问题成为汽车行业可持续发展的一大威胁。据统计，约 75% 的油耗与整车质量有关，汽车质量每下降 10%，油耗则下降 8%，排放减少 4%[3]；质量每减少 100 kg，汽车油耗可减少 0.3 ～ 0.6 L/100 km[4]，可见，降低汽车质量能够有效降低油耗以及排放。

对此，国内相关政策做出了具体要求：到 2017 年通过应用新材料实现车身减重 25%、到 2020 年实现车身减重 30% 的目标。在当今发动机技术水平难以提升、新能源汽车无法大规模产业化的背景下，汽车轻量化技术成为节能、环保的主要手段之一。未来汽车的创新设计首先要关注对轻量化新材料的使用，轻质材料将会被越来越多地应用到汽车领域。如铝合金、镁合金、钛合金等有色金属材料，这是汽车工业的未来发展方向。

在汽车工业发达国家，铝合金材料已成为实现汽车轻量化目标的主要应用材料。如果汽车上凡是可用铝合金制造的零件都用铝合金替代，则每辆车平均用铝量将达到 454 kg，最多可降低 9.08 t 的尾气排放[5]。在汽车行业，虽然镁合金较铝合金更轻，可作为铝合金的替代品，但镁合金的研究和发展还很不充分，应用也有限。目前汽车应用多是铝合金铸件，90% 以上是压铸件。

在航空航天工业，铝合金主要用于制造飞机的蒙皮、隔框、长梁和桁条等，制造运火箭和宇宙飞行器结构件。钛合金是航空航天制造工程领域首选的金属材料，兼具钢、不锈钢、铝等结构材料的优良性能，同时具有高比强度和耐高温、耐腐蚀的特点。钛合金在飞机结构制造中广泛用于蒙皮、机翼的承力框、紧固件、底盘、机翼襟翼、吊架、液压管路等。在直升机中主要用于旋翼、驱动部件和控制系统等。在飞机和直升机结构制造中，钛合金基本可以代替所有钢制零件，减轻结构重量 20% ～ 35%。在火箭、飞船及太空系统和轨道器上，钛合金主要用于制造火箭发动机的姿态矫正器、月球探测器的扭力杆、轨道飞行器的翼梁和边框、固体燃料的容器和液体推进剂火箭发动机的机匣、蒙皮、高压气罐和紧固件等。我国钛合金的研究和生产还处于发展阶段，应用技术水平与发达国家相比尚存较大差距，钛合金研究和制造工艺仍处于技术突破的关键时期。

3.1.1.2　复合材料

复合材料已经发展为与金属材料、高分子材料、无机非金属材料并列的四大材料体系之一。一个国家的复合材料工业水平，已经成为衡量其科技与经济实力的主要标志之一。

复合材料及相关产业是世界经济产业链中重要的一环。全世界复合材料相关行业市场已经达到 850 亿美元，复合材料产业作为新兴产业已成为许多国家发展的重点。据相关统计数据显示，全球碳纤维市场需求将保持 13% 的增长，预计到 2020 年，全球碳纤维材料的需求量可能超过 14×10^4 t[6]。

在汽车行业，碳纤维复合材料几乎是目前可知的最能让汽车减重的完美材料，采用碳纤维复合材料可使汽车的轻量化取得突破性进展，2009 年宝马宣布与德国领先碳纤维制造商 SGL（西格里）集团成立合资公司，为电动汽车 Megacity Vehicle 研发碳纤维零部件，并于 2014 年推出了全球首个碳纤维车身量产车——宝马 i3；2011 年，日本东丽集团与戴姆勒合作研发汽车碳纤维复合材料零部件，用于奔驰 SL 系列车型。2016 年，兰博基尼（Lamborghini）先进复合材料实验室（碳纤维研发中心）成立。此外，奥迪、丰田等相继推出新一代碳纤维制造车型，并不断加深与碳纤维生产企业的合作。可以预见，未来创新设计中复合材料将成为汽车制造的主要材料。

在航空航天领域，可以说复合材料是航空工业结构的未来。目前存在着一种飞机结构复合材料化的趋势。各类飞机结构的主体材料将是复合材料而非金属材料，飞机设计讲究"为减轻每一克质量而奋斗"的理念。根据波音和空客公开的研究资料，2020 年飞机结构件将全部采用复合材料[7]。这一趋势将从根本上改变飞机结构设计和制造传统。能否适应这一重大变革，势必影响和决定一个国家航空制造业的成败兴衰。在该领域进行战略性的创新设计，才能引领航空工业的发展。

我国复合材料的应用规模和水平、设计理念、方法和手段、材料的基础和配套、制造工艺和设备相比较国外发达国家仍然严重落后。如我国军用战斗机复合材料最大用量尚不足 10%；我国至今尚未有批量生产的复合材料机翼问世；最新研制的 ARJ21 支线客机复合材料用量不足 2%[8]，国产大飞机 C919 也仅使用约 12% 的碳纤维复合材料。由于我国国产的复合材料性能、质量、规格、价格以及供货能力等方面还远远不能满足国防、航空航天等领域的需求，导致高模量的碳纤维和芳纶纤维长期依赖进口，成为制约我国航空航天技术发展的重要因素。

3.1.2　创新设计对新能源材料的需求

中国是能源供给相对短缺的国家，随着我国能源需求持续增长，大力发展新能源产业，优化能源结构，已经成为我国面临的一项长期战略任务。加快新能源及材料产业发展，是推动能源生产和消费革命的重要举措，是建设资源节约型、环境友好型社会，促进中国经济可持续发展，促进工业产业结构调整的必然要求。太阳能光伏电池及系统制造业以硅原料的分离、提纯和多晶材料的制备为基础和前提；核电的发展离不开核燃料、核级不锈钢等材料的发展；风能的发展离不开高性能风机叶片材料的发展；燃料电池离不开质子交换膜、催化剂的发展；新能源汽车行业的发展离不开铝合金、碳纤维复合材料等轻量化材料，同时需要锂电、燃料电池材料、驱动电机材料的发展。新能源材料涉及能源转换与储存等技术，在优化能源结构、提高能源利用效率、发展新型能源、解决环境污染等方面具有关键支撑作用。在此，仅择取一二进行介绍。

3.1.2.1 太阳电池材料

太阳电池材料，指能将太阳能直接转换成电能的半导体材料，主要包括单晶硅、多晶硅、非晶硅，GaAs，GaAlAs，InP，CdS，CdTe 等。用于空间的有单晶硅、GaAs 和 InP，用于地面已批量生产的有单晶硅、多晶硅、非晶硅，其他尚处于开发阶段。

太阳能是开发潜力最大但已开发比例最低的能源类型，也是未来唯一能够消除资源匮乏地区对化石能源依赖的能源，因此光伏发电目前在世界范围内受到了高度重视，发展很快。从远期看，光伏发电终将以分散式电源进入电力市场，并部分取代常规能源；从近期看，光伏发电可以作为常规能源的补充，解决特殊应用领域和边远无电地区民用生活用电需求，在环境保护及能源战略上都具有重大的意义[9]。国际能源署（International Energy Agency，IEA）表示，如果各国能在 2015 年达成气候协议，则可再生能源发电比例有望在 2030 年前提高到 30% 以上，而太阳能光伏发电在世界总电力供应中的占比也将达到 10% 以上；到 2040 年，可再生能源将占总能源的 50% 以上，太阳能光伏发电将占总电力的 20% 以上；至 2050 年，光伏装机将占全球发电装机的 27%，成为第一大电力来源；至 21 世纪末，可再生能源在能源结构中将占到 80% 以上，太阳能发电将占到 60% 以上[10]。同时，报告《中国能源展望 2030》中指出，在国内，太阳能光伏发电到 2020 年装机规模约 1.6×10^8 kW，较 2014 年增长约 5.4 倍，占总装机规模的 8%，发电量约 2000×10^8 kW·h。到 2030 年，太阳能装机规模达到 3.5×10^8 kW 左右，发电量达到

4200×10^8 kW · h[11]。

3.1.2.2　石墨烯

石墨烯自 2004 年被发现以来，由于具有奇特的电子及机械性能而引发了世界范围内的研究热潮。科学家们认为，石墨烯有望彻底变革材料科学领域，在动力电池、LED 散热、超级电容器等新能源材料领域，石墨烯都大有用武之地。

世界各国已经竞相投入巨资开展石墨烯的科研及商业化工作。2013 年底，欧盟未来新兴技术（future and emerging technologies，FET）石墨烯旗舰计划启动。石墨烯旗舰研究项目于 2013 年 1 月被欧盟选定为首批技术旗舰项目之一。该项目运行 10 年，总投资 10 亿欧元，旨在把石墨烯和相关层状材料从实验室带入社会，为欧洲诸多产业带来一场革命，促进经济增长，创造就业机会。石墨烯旗舰研究项目共分为两个阶段：①在欧盟第七框架计划内长达 30 个月（2013 年 10 月 1 日至 2016 年 3 月 31 日）的初始热身阶段，欧盟总资助额为 5400 万欧元；②在地平线 2020 计划内的稳定阶段。该阶段将从 2016 年 4 月份开始，预计欧盟每年资助额为 5000 万欧元[12]。2015 年，由英国国家工程和物理科学研究委员会和欧洲区域发展基金分别出资 3800 万英镑和 2300 万英镑在曼彻斯特大学建设的英国国家石墨烯研究院正式对外开放，此外作为英国国家石墨烯研究院的补充，英国政府还将投资 6000 万英镑在曼彻斯特大学成立石墨烯工程创新中心（GEIC），打造新的尖端石墨烯研究设施，加速石墨烯的应用研究和开发，以维持英国在石墨烯及有关 2-D 材料方面的世界领先地位[13]。

我国石墨矿储量占世界总储量的 75%，产量占世界总产量的 72%。研究石墨烯材料我国有着先天的原材料优势。但在编制《新材料产业"十二五"发展规划》时，由于石墨烯研究尚未达到目前这样的热度，在规划文本、产品目录中未能作为重点列入。但在 2015 年 10 月，国家制造强国建设战略咨询委员会发布的《〈中国制造 2025〉重点领域技术路线图 (2015 版)》中提到，石墨烯材料集多种优异性能于一体，是主导未来高科技竞争的超级材料，广泛应用于电子信息、新能源、航空航天以及柔性电子等领域，可极大地推动相关产业的快速发展和升级换代，市场前景巨大，有望催生产业规模千亿元。因此，路线图将石墨烯材料作为前沿新材料领域的发展重点，提出了 10 年的发展目标[14]。因而，创新设计必须关注有着巨大应用前景的石墨烯材料。

3.1.2.3　核电材料

核能是各种可持续能源中应用最成熟的一种。在今后几十年内，核能将作为一种主要能源存在，这不仅有利于保障国家能源安全，调整能源结构，而且有利于提高装备制造业水平，促进科技进步。目前，中国以每年 6 ～ 8 座核反应堆的速度建设核电站，同时正在推进对亚洲和南美等国家的核电站出口。根据我国《"十三五"核工业发展规划》并结合《能源发展战略行动计划（2014—2020）》中"到 2020 年，装机容量达到 5.8×10^7 kW，在建容量达到 3×10^7 kW 以上"的目标，2016—2020 年核电投产装机年复合增速约 25%。根据"十三五"初步规划，2030 年我国核电装机规模将达到 1.2×10^8 ～ 1.5×10^8 kW，核电发电量占比也将进一步提升至 8% ～ 10%，可见今后十几年将是我国核电装机容量快速增长的时期。

一台百万千瓦的压水堆核电机组，核岛通常包括 1 台反应堆压力容器、1 台稳压器、3 台蒸汽发生器、3 台主冷却泵、3 台蓄势器、1 台硼注射器、堆芯及堆内构件和控制棒驱动机构等。所用金属材料主要有碳钢、低合金钢、奥氏体不锈钢、镍基合金、钛管和锆合金等。需要碳钢、低合金钢板和锻件 4000 ～ 4500 t；奥氏体不锈钢板和锻件 3000 ～ 3500 t；马氏体不锈钢锻件 500 t、铸件 200 t；镍基、铁基合金管、棒、带、丝 600 ～ 800 t；钛直缝焊管 150 t；锆合金管、棒、带 8 吨 / 年[15]。核设备用金属材料设计考虑要素多。核能关键设备通常在高温、高压、强腐蚀和强辐照的工况条件下工作，对材料的要求极高，通常要满足核性能、力学性能、化学性能、物理性能、辐照性能、工艺性能、经济性等各种性能的要求，要达到专用的标准法规要求[16]。如核反应堆中结构材料主要为锆合金，由于燃料的消耗及辐射，每年要更换 1/3，使其成为经常性消耗材料。目前，我国锆材主要依赖进口，严重制约了我国核电工业的发展。

为了能够更安全、更高效地利用核能提供所需的能源，我们必须对核反应堆技术进行创新设计，使核电厂能够在更加严苛的环境条件下工作。这将对反应堆堆芯材料性能提出更高的要求。核电材料必须走国产化道路。核燃料、包层、结构材料、反应堆容器等材料的国产化是制造第四代高效核反应堆的最大难点。

3.1.3　创新设计对环境材料的需求

环境材料是在人类认识到环境保护的重要战略意义和世界各国纷纷走可持续发展道路的背景下提出来的，是国内外材料科学与工程研究发展的必然趋势。日本学者山本良一在 20 世纪 90 年代初首先提出环境调和材料的概念。环境调和材料是指那些具有较低环境负荷和较大再生率的材料。我国学者则将环境材料定义为同时具有满意的使用性能和优良的环境协调性，或者能够改善环境、与环境协调共存的一大类材料。

环境材料不是一种完全独立的材料种类，也不全是高新技术材料。有许多传统材料本身就具有环境材料特征或可以发展成环境材料。事实上，现存的任何一种材料，一旦引入环境意识加以改造，使之与环境有良好的协调性，就应被列为环境材料。另外，从发展观点看，环境材料是可持续发展的。环境材料具有三个特征：①良好的使用性能；②较高的资源利用率；③对生态环境无副作用或对环境影响甚小。对环境材料的研究是在环境负荷与材料性能之间寻找合理的平衡点，开发环境相容性的新材料及其制品，并对现有材料进行环境协调性改进[17]。按照环境材料对社会的影响进行分类，包括环境相容性材料、可降解材料、可再循环制备与使用的材料和环境工程材料[18]。

生物基材料是利用谷物、豆科、秸秆、竹木粉等可再生生物质为原料制造的新型材料和化学品等[19, 20]，包括生物合成、生物加工、生物炼制过程获得的生物醇、有机酸、烷烃、烯烃等基础生物基化学品，也包括生物基可降解塑料、生物基纤维、糖工程产品、生物基橡胶以及生物质热塑性加工得到的塑料材料等[21~23]。

近年来，由于全球资源日渐趋紧和环境问题日益严重，所以利用丰富的生物质资源开发环境友好和可循环利用的生物基材料，对于替代化石资源、发展循环经济、建设资源节约型和环境友好型社会具有重要意义。因此，生物基材料已经被确定为战略新兴材料。2012 年，美国白宫发布国家生物经济蓝皮书，明确提出将工业生物制造技术作为战略技术，是美国 2020 年制造技术挑战的 11 个主要方向之一。欧盟委员会于 2013 年 7 月提出在 2014—2020 年投入 38 亿欧元开展推动"欧洲发展与增长的生物基可再生产业战略计划"（Biobased and Renewable Industries for Development and Growth in Europe），以加速生物基产品的市场化进程[24]。我国也在积极推动生物基材料的研发与应用。《中国工业生物技术白皮书 2015》的数据显示，我国生物基材料与关键单体的年产能约为 550 万吨。目前，生物基材料最大的应用领域是包装材料市场，并向汽车行业、电子产品、农业地膜、生物医用领域快速渗透。

3.1.4 创新设计对智能材料的需求

智能材料是指模仿生命系统，能感知外界环境或内部状态所发生的变化，而且通过材料自身或外界的某种反馈机制能够适时地将材料的一种或多种性质改变，做出所期望的某种响应的材料。一般说来，智能材料有七大功能，即传感功能、反馈功能、信息识别与积累功能、响应功能、自诊断能力、自修复功能和自适应功能。智能材料的设计思路是以功能材料为基础，以仿生学、人工智能及系统控制为指导，依据材料复合的非线性效应，用先进的材料复合技术，将感知材料、驱动材料和基体材料进行复合。

智能材料的优异性能在许多高新技术领域具有巨大的潜力和应用前景。因此，它一直是许多技术发达国家的优先发展项目，并在国防、军事、医疗、航天、交通、水利等众多方面被广泛关注和研究，有些成果已经被用于实际工程中，有些已经进一步获得突破。如在医学领域备受关注的智能药物释放体系就是以智能材料为载体材料，根据病情所引起的化学物质和物理量（信号）的变化自反馈控制药物释放的通 / 断特性。以靶向抗癌药物为例，用对细胞无毒、无抗原性且可降解的支链淀粉与抗癌药物复合，而癌细胞可以作为该疏水化多糖的感受器。这种抗癌药物与癌细胞有很好的相容性及亲和性，能优先与癌细胞结合，即能识别癌细胞，从而只对癌细胞产生作用，而不会对正常细胞造成影响。在航空航天领域应用智能材料，则能够帮助飞行器经受恶劣环境，同时能对自己的状况进行自我诊断，并能阻止其损坏和退化，能自动加固或自动修补裂纹，从而防止灾难性事故的发生。以机翼用智能材料为例，在高性能复合材料中嵌入细小的光纤，光纤像神经那样感受机翼上承受的不同压力，当光纤断裂时，光传输中断，发出事故警告。

3.2　创新设计对材料的推动

3.2.1　材料创新设计的国内外现状

在当今社会，伴随着科技与经济的高速发展，人与自然关系的重新界定，人类对生活方式、生产方式提出了更多的需求，设计价值理念也随之发生了巨大的改变，设计开始融合科学技术、经济社会、人文艺术、生态环境，更加注重用户体验，追求经济、社会、文化、生态综合价值，追求绿色低碳、智能化、可持续发展[25]。与之相应的，材料不再简单地在产品中扮演提供力学支持或组成产品结构的成分以使得该结构产生预设功能的角色，而是开始扮演更多不同的角色，这对材料的种类、性能及其制造工艺提出了更高的要求[26-27]。

在各种需求的推动下，设计师一方面开始积极评价各种材料在设计中的使用价值和审美价值，从各种材料的质感中去获取最完美的结合和表现[28]，使材料特性与产品的物理功能和心理功能达到高度的和谐统一，并积极采用新材料以开发具有新功能的全新产品。如受到弹性纺织物包裹建筑的启发，2008 年，宝马公司的设计总监克里斯•班格勒（Chris Bangle）所带领的团队发布了一款织物材料概念跑车"GINA"（见图 3.2）。这款概念车以经过聚氨基甲酸乙酯涂料处理的莱卡纤维布作为外壳车身，具有良好的弹性和耐久性，而织物下是铝制框架结构支持，比普通跑车轻 30%[29]。

2011 年初，英国建立了一座全新设计的梅林数据中心（见图 3.3）。与传统数据中心不同，该建筑采用轻量化材料组建而成，而内部的设备则基于模块化设计。梅林数据中心 80% 的材料是可回收材料，这大大地降低了污染，使其 PUE（power usage effectiveness）值仅为 1.08，成为目前最节能的数据中心之一[30]。梅林数据中心也因此相继得到了绿色数据中心大奖及国际正常运行

时间协会 (Uptime Institute) 颁发的著名的 2011 年绿色 IT 奖（Green IT Awards for Data Center Design）。

图 3.2　宝马 "GINA" 概念车

图 3.3　梅林数据中心

　　另一方面，设计师也不再被动地接受材料科学的研究成果，而是开始与材料科学家们一起从用户需求出发开发能够满足创新设计的新材料。如被时代周刊评为 "2010 年度最佳发明" 的 Sugru 硅橡胶就是由设计师詹妮·杜尔奥伊蒂（Jane Ní Dhulchaointigh）发明的。她与科学家用了五年时间开发出一种十分柔软的材料——Sugru 硅橡胶（见图 3.4），用于快速修补挂钩等日常生活用具，令其性能更好。Sugru 硅橡胶能粘在金属、织物等许多东西上，提升它们的性能，比如令鞋子更舒适，拐角更柔软，把手更易抓握 [31]。

Sensoree 公司的设计师 Kristin Neidlinger 创造了一种"情绪毛衣"，在手上佩戴某种饰物状的传感器，采用检测手掌出汗状况来判断情绪，再通过装有 LED 二极管的发光毛衣表现出来 [32]。Ministry of Supply 公司的新型织物技术，使得衣服能够发挥蓄电池一样的作用，即将人类身体中散发的多余热量保存下来，在寒冷的环境下释放，达到取暖效果 [33]。

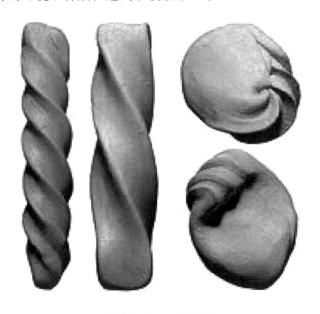

图 3.4　Sugru 硅橡胶

在设计师积极利用新材料甚至开发新材料的同时，新材料及其制造工艺的发展也为设计理念和方式带来了全新的变革。这其中，增材制造（3D 打印）技术对设计创新的推动作用尤为显著。增材制造技术是快速成形技术的一种，它以数字模型文件为基础，运用粉末状金属或塑料等可黏合材料，通过逐层打印的方式来构造物体。它对设计带来的改变在于：首先，3D 打印技术与网络通信和数据处理相结合，使设计不再是只有专业设计人员才可以从事的工作，人人都可以成为设计师，并通过网络 3D 打印实现自己的设计。其次，在工程设计中，增材制造技术将使传统的"制造优先"的设计发展为"功能优先"的设计。增材制造技术提供了几乎可以制造任意复杂结构的可能性，因而有可能按照最理想的形式来设计零件结构，从而在最大限度地满足使用功能的条件下，还可以显著减轻结构重量和提高可靠性。利用增材制造的多材料任意复合特性，还可以在零件的化学特性和声、光、电、磁、热等物理特性方面进行优化设计和制造。最后，设计即生产，使得设计师能够实现更大自由度的个性化设计，并随时回应市场需求。在目前的全球 3D 打印热潮中，我国以北京航空航天大学（以下简称"北航"）和西北工业大学两个科研主体带动，沈阳飞机工业集团、成都飞机工业集团、西安飞机工业集团等数家航空制造企业为主体，成为全球第二个能够在实际应用中利用 3D 打印技术制造飞机零件的国家。仅以北航的王华明教授所带领的团队为例，该团队研究出国际领先的"飞机钛合金大型复杂整体构件激光成形技术"，使我国成为目前世界上唯一突破飞机钛合金大型主承力结构件激光增材制造技术并实现装机工程应用的国家。高性能大型金属构件激光成形技术难度很高，因为零件尺寸越大，打印过程中零件变形开裂倾向越大。北航王华明团队发明了一系列 3D 打印新工艺及相关软件，有效地克服了金属材料变形、翘曲、开裂等问题，能主动控制打印构件的内部质量和性能。我国自主研发的大型客机 C919 机头工程样机的钛合金主风挡整体窗框，就是王华明团队采用 3D 打印技术生产的，只花了 55 天，零件成本不足 20 万美元。而欧洲一家飞机制造公司生产同样的东西至少要两年，光做模具就要花 200 万美元[34]。北航制备的国产飞机大型 3D 打印关键金属构件如图 3.5 所示。

我们已经看到，从远古的农耕时代到今天的网络信息时代，设计与材料一直在相互促进中推动着人类社会的发展。改革开放近 40 年来中国的经济发展取得了巨大的成就，也促成中国在材料和设计应用方面的发展，出现了一些按照需求主动设计或者创造新材料的例子，如由于研究的需要，中南大学黄小忠教授以前总是在自然界中寻找现成的吸收电磁波能力强的材料，或者把几种现有的材料组合成复合材料，获得"隐身"性能。但随着时间推移，"隐身材料研究通过挖掘材料性能潜力的发展已经陷入瓶颈"，于是采用创新设计和制造的方式来研制新型材料。课题组通过复杂的计算机设计，并精心选择、调配有机物和金属两种材料作为打印原料，通过微观结构的设计构建，最终用特制的 3D 打印机打印出了具有吸波性能的"超材料"（见图 3.6）。

材料每一个微小锥形体内部都包括了 10 万个物理单元，每个单元用到哪些材料，这些材料如何组合，都是由科研人员通过微观结构的设计构建而成。对材料进行编码后长成的"超材料"，类似于细胞重新编码以后体现出新的组织特性，是自然界中无法找到却具有良好"隐身"性能的人工产物[35]。

图 3.5　北航制备的国产飞机大型 3D 打印关键金属构件

在生物医药领域，由于传统的化学抗癌药物无法将癌细胞和正常细胞区分开，在杀死癌细胞的同时也会将正常细胞杀死。针对这一难题，湖南大学化学化工学院和生物学院谭蔚泓教授课题组研发出了"DNA 纳米火车"的生物医用材料。"DNA 纳米火车"是一种核酸适配体的组成结构，因形状上类似于火车而得名。如图 3.7 所示，该纳米火车由多条 DNA 短单链杂交组成。"火车头"由 DNA 核酸适配体构成，该部分可特异性地识别并结合癌细胞；

剩余的 DNA 结构则构成了高容量的一节一节的"车厢"，用于装载药物或其他生物试剂。该材料可用于向肿瘤细胞靶向输送抗癌药物，不仅能够让抗癌药物识别癌细胞，而且能够准确地将药物输送到癌细胞区域[36]。

图 3.6　3D 打印吸波材料

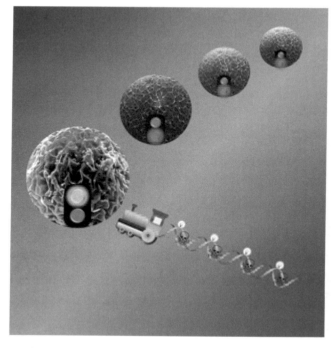

图 3.7　用于向体内肿瘤细胞靶向快速输送抗癌药物及生物成像试剂的 DNA 纳米火车

3.2.2　创新设计下的材料发展

未来，创新设计将发挥战略杠杆的作用，帮助解决社会需求不断提升带来的日益复杂的系统性挑战，这些挑战同时涉及公共部门和私营部门。例如，自然资源的不断枯竭；人口增长和现代工业的高速发展造成的环境污染问题，包括化学品污染、塑料污染、工业废料的大量排放等造成的酸雨、臭氧层破坏、生物物种锐减的情况等。此外，还有如何满足人类个体日益增长的多种多样的物质和文化需求，如何应对食品安全问题，如何缓解人口老龄化带来的影响等。在这些挑战和需求的驱动下，创新设计将推动材料向绿色化、智能化和个性化方向发展。

3.2.2.1　材料的"绿色化"

材料的"绿色化"指的是在材料的制备、使用、废弃以及到再生循环利用的整个过程，都与环境协调共存。未来材料应具有良好的使用性能，对资源和能源的消耗少、对生态环境极其友好，并可再生或可降解循环利用。未来材料不仅不能对人体和环境造成任何危害，做到无毒害、无污染、无放射性、无噪音，而且应有益于人体健康，如抗菌、除臭、调温、消磁、抗静电等。

材料的"绿色化"还体现在如何使社会可持续发展，这不但要求材料本身是"绿色"的，而且其制造、使用、回收整个全生命周期都是"绿色化"的。例如，运输工具使用的能源占了总能源的 25%，材料减轻可以显著节省能源的利用，减少排放，铝合金、镁合金和碳纤维复合材料等高强轻质材料的使用将是未来发展的必然趋势。再如，太阳能光伏材料的使用可以减少化石能源的使用，带来清洁的环境，然而太阳能材料的制造是高耗能的，其回收也会导致环境的污染和能源的再浪费，如何使其全生命周期都是绿色成为一大难题。第三，我国电子废物和汽车废物将呈井喷式发展，我国年产汽车 2000 万辆，各种手机、电视等电子设备总量数以百亿、千亿计，如何回收再利用并能不影响环境，是迫切需要考虑和解决的问题。第四，我国的房地产和城镇化大规模发展，家居材料譬如水泥的生产用能源跟污染我国全球第一，如何降低家居材料的能耗和污染我们需要向发达国家学习。综上所述，材料全生命周期的绿色化创新设计是我们国家和社会可持续发展的必由之路。

3.2.2.2 材料的"智能化"

材料的"智能化"指的是材料本身具有自我诊断，并根据外界的作用情况进行自我调节和自我修复的功能。自我诊断功能：当材料的内部发生某种异常变化时，材料本身能够将信息传送给人类，例如位移、变形、破坏程度、剩余寿命等信息，以便人们及时采取防范措施；自我调节功能：材料能够根据外部荷载的大小、光、电、热、磁等环境变化，对自身的承载、传输、储存、变形性能等进行自我调整，以符合外部作用的需要；自我修复功能：具有类似于自然生物的自我生长、新陈代谢的功能，材料本身对遭受破坏的部位能够进行自我修复。

3.2.2.3 材料的"个性化"

人类社会孜孜以求的理想化、艺术化的造物方式和生活方式，由不自觉走向自觉，"随心所欲而不逾矩"是创新设计及用户的共同追求，所以未来材料的创新设计需要"个性化"。未来的材料在满足具体用户的应用需求后，还要针对用户更多地融入抽象表达；让材料针对具体的使用者表现出良好的视觉质感、触觉质感、听觉质感和嗅觉质感，并以富有生命力和情感的方式予以呈现。

除了上述材料发展的趋势外，全球知识网络时代，设计与材料的创新和应用将更依靠创意创造、创新驱动，依靠科学技术、经济社会、人文艺术、生态环境等知识创新与信息大数据。设计制造与材料创新和应用的全过程、所有产品的设计制造、运行服务将不仅如同工业化时代一般处于物理环境之中，同时将处于全球网络环境之中。设计与材料创新将从工业时代主要注重产品的品质和经济效益，转变并拓展为注重包括营销服务、使用运行、遗骸处理和再制造等全生命周期的物理与信息网络功能、资源高效循环利用、经济社会、文化艺术、生态环境和谐协调的系统优化、可持续发展的价值追求；将从工业时代的工厂化、规模化、自动化，转向多样化、个性化、定制式，更加注重用户体验、全球网络协同创新。未来材料的创新设计将向着和谐、协同的方向发展，而全球网络化则是材料创新设计发展的必由之路。

创新设计在未来将发挥举足轻重的作用，各国政府将把创新原则和设计作为一项决定性资源，用于发展国家经济、提升软实力、开发人力资本、加强防御能力等。而企业则将运用创新设计进行前瞻性思考、做出更明智的决策，为利益相关方创造有意义的新价值。与此同时，他们还将运用创新设计来帮助人们更直接地获得更多的工具和平台，让人们成为自我世界的设计师，满足他们自己的生活方式——不论是制作自己的产品，还是编写自己的硬件程序。总之，创新设计以人为本，通过观察社会和人们的行为，揭示潜在需求，将人的需求、技术可能性以及对商业成功的需求整合在一起，以全新的方式提供服务。

显而易见，未来创新设计与制造将导致新的产业革命。未来的创新设计将创造全新的网络智能产品、工艺装备、网络制造和新的经营服务方式。未来的创新设计将超越数字减材与增材、无机与有机、理化与生物的种种界限；未来的创新设计将创造以清洁、分布式可再生能源为主体的可持续能源体系与智能电网系统；将创造安全可靠、绿色低碳、智能便捷的信息和交通物流系统；将创造更加公平普惠、多样高效的公共卫生服务体系和商业金融服务体系；将创造绿色智慧、平安宜居的建筑和城乡基础设施，推进新型城镇化……创新设计最终将导致新的产业革命和新的文明进化。

实现创新设计离不开材料的支撑，未来创新设计主要需要的材料有：柔性高效光电转换材料、高效热电转换材料、催化燃烧材料、超导永磁材料、高能量密度的电池材料、核聚变反应材料、膜分离材料等新能源和环境材料；耐腐蚀的镁合金、钛合金、3D 和 4D 打印材料、复合材料、先进陶瓷材料、太空合金材料等新型结构材料；高温宽带隙半导体材料、微电子材料、光电子材料、光电集成材料、超大容量信息存储材料、非线性光学晶体、光纤材料等信息材料；金刚石、石墨烯、富勒烯、碳纳米管、（树脂、金属、陶瓷等）碳纤维复合材料等碳材料及其复合材料；组织工程材料、药物控释载体、生物植入材料、纳米医用材料等生物医用材料。

在创新设计的推动下，更多的新材料将为个人与环境的交融、智能药物、能源产业、未来交通形态等创造无限可能。未来5～20年，高效换能材料、生物相容性半导体和导电材料的发展将会促使可穿戴计算设备逐渐取代目前的智能手机与平板电脑，成为日常生活中人与人、人与环境、人与机器之间进行交流互动的重要工具；材料科技，特别是纳米材料技术与医学的结合，使人们能够在分子水平上利用分子工具从事对疾病的诊断、预防和治疗；相对于传统材料，新材料表现出的特殊性能和行为，能够提高新能源的生产、传输、储存等各个环节的效率和性能，甚至能够颠覆这些过程，带来完全崭新的能源生产利用形式，如高效太阳能电池等；创新设计驱动下的新材料研究与开发，必将从根本上改变人们出行的方式、降低运输成本与污染，使得人流、物流更加安全、便捷、环保。

知识网络时代的材料创新设计，本质上追求的是资源节约、环境友好、在线协同，人人可以更公平、自由地参与合作创造、竞争分享、综合优化的可持续创意创造和创新。

参考文献
REFERENCES

[1] 新华网."阳光动力 2 号"太阳能飞机系统设计 [N/OL].（2015-07-25）. http://news.xinhuanet.com/science/2015-03112/c_134060405.htm.

[2] 夏乙.太阳能飞机环球飞行的故事：飞翔只为一个愿景 [N/OL].（2015-07-28）. http://tech.sina.com.cn/d/2015-01-14/doc-iawzunex8941611.shtml. 2015-07-28.

[3] 马鸣图，路洪洲，李志刚.论轿车白车身轻量化的表征参量和评价方法 [J].汽车工程，2009，31（5）：403-406，439.

[4] 陆刚.低碳节能的新材料碳纤维使汽车进入轻量化新时代 [J].橡塑资料利用，2011（6）：19-23.

[5] 冶金信息网.铝合金在汽车上的应用 [N/OL].（2015-07-30）. http://www. cnmeti.com/news/d7800 17.html.

[6] 中国产业信息.2015 年全球碳纤维行业市场需求预测 [N/OL].（2015-08-02）. http://www.chyxx.com/industry/201511/354737.html.

[7] 王恩青，张斌.复合材料在航空航天中的发展现状和未来展望 [J].科技信息，2011（33）：290-290.

[8] 孙爱民.我军战机复合材料用量不足 10% 关键技术难突破 [N].中国科学报，2012-10-29（3）.

[9] 吴明.太阳能光伏产品的应用 [J].质量与认证，2010（6）：69-69.

[10] 行业投资透视柳暗花明：2016 光伏市场如何"逆势起飞"？ [N/OL].（2015-08-05）. http://solar.ofweek.com/2015-12/ART-260009-8440-29042492. html.

[11] 中国能源研究会. 中国能源展望 2030[M]. 北京：北京经济管理出版社，2016.

[12] 科技部欧盟启动石墨烯旗舰研究项目 [N/OL]. (2015-08-08). http://www.most.gov.cn/gnwkjdt/201312/t20131218_110932.htm.

[13] 科技部英国政府宣布投资 6000 万英镑成立石墨烯工程创新中心 [N/OL]. (2015-08-08). http://www.most.gov.cn/gnwkjdt/201409/t20140929_115991.htm.

[14] 国家制造强国建设战略咨询委员会. 中国制造 2025 重点领域技术创新绿皮书——技术路线图 [M]. 北京：电子工业出版社，2016.

[15] 张江峰，张宪铭. 低碳经济带动核电材料发展 [J]. 中国有色金属，2010（8）:40-41.

[16] 中国腐蚀与防护网核电工业用材料大揭秘 [N/OL]. (2015-08-10). http://www.ecorr.org/news/fushikepu/2016/0201/13475.html.

[17] 姚欢，胡旻锟. 环境材料在发展低碳经济中的应用 [J]. 环境科技，2010，23（S2）：128-131.

[18] 翁端. 环境材料学 [M]. 北京：清华大学出版社，2011.

[19] SUBRAMANI T, RAJADURAI C, PRASATH K. Bio-degradable plastics impact on environment[J]. Int J Eng Res Appl, 2014, 4(6):194 - 204.

[20] KABASCI S. Bio-based plastics-introduction[M]//KabasciS.Bio-Based Plastics: Materials and Applications. New York: John Wiley & Sons Ltd, 2013.

[21] ÁLVAREZ-CHÁVEZ C R, EDWARDS S, MOURE-ERASO R, et al. Sustainability of bio-based plastics: generalcomparative analysis and recommendations for improvement[J]. J Clean Prod, 2012, 23(1): 47 - 56.

[22] Shah A A, KATO S, SHINTANI N, et al. Microbial degradation of aliphatic and aliphatic-aromaticco-polyesters[J]. Appl Microbiol Biotechnol, 2014, 98(8): 3437 - 3447.

[23] MüLHAUPT R. Green polymer chemistry andbio-based plastics: dreams and reality[J]. Macromol Chem Phys, 2013, 214(2): 159 - 174.

[24] 刘斌 . 生物基材料发展态势 [J]. 生物产业技术，2014（4）：13-16.

[25] 路甬祥 . 创新中国设计创造美好未来 [N]. 人民日报，2012-1-4（4）.

[26] THOMPSON R. Sustainable Materials，Processes and Production (The Manufacturing Guides)[M]. New York: Thames & Hudson, 2013.

[27] 赵福 . 以设计视角发掘材料特性在产品设计应用中的潜力 [D]. 上海：华东理工大学，2012.

[28] ASHBY M F. Materials Selection in Mechanical Design[M].Oxford: Butterworth-Heinemann, 2010.

[29] COMEIN. 新材料带来新设计 [N/OL]. (2015-08-12). http://www.guokr. com/article/70245.htlm.

[30] Kalpakjian K, Manufacturing Processes for Engineering Materials[M]. Upper Saddle River, N J: Prentice Hall, 2010.

[31] 时代周刊 . 2010 最佳发明：Sugru 硅橡胶 [N/OL]. (2015-08-15). http:// www.edu.cn/ke_ji_xin_zhi_1136/20101114/t20101114_538708.shtml.

[32] 何中然 . 颜色依心情而定高科技毛衣读懂你的心 [N/OL]. (2015-08-16). http://news.xinhuanet.com/tech/2013-12/25/c_125911869.htm.

[33] 徐一嫣 . 时尚如何拥抱科技？可穿戴设备 /3D 打印 / 新材料 [N/OL]. (2015-08-18).http://www.edu.cn/ke_ji_xin_zhi_1136/20101114/t20101114_538708.shtml.

[34] 任敏 . 飞机钛合金起落架可 3D 打印 [N/OL]. (2015-08-20). http://tech. hexun.com/2014-01- 09/161273352.html.

[35] 余建斌 . 创新故事：当隐身超材料邂逅 3D 打印 [N/OL]. (2015-08-23). http://scitech.people.com.cn/n/2014/0523/c1007-25053692.html.

[36] 林书亭 . 谭蔚泓教授课题组研发出能用于靶向输送抗癌药物的 DNA 纳米火车 [N/OL]. (2015-08-25). http://news.hnu.edu.cn/zhyw/2014-01-20/1258.html.

第4章

从材料到器件：
创新研制的融合发展

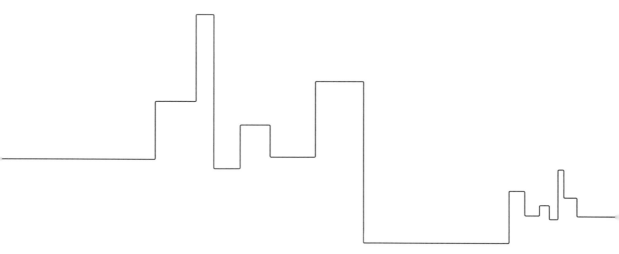

4.1 创新研制是创新设计、新材料与制造的深度融合

当前制造业和制造技术正在发生颠覆性的变革，社会生产中的创新研制将成为各领域未来产品研发的主流模式。这种模式旨在实现快速响应企业或个人用户需求的高附加值产品的设计与制造，以提升产业、区域的竞争力。为此，需要在研制的初始阶段即考虑到使用、文化、环境与客户需求等影响产品价值的各种因素，通过知识网络数据分析确定附加值设计、产品规划、概念设计等方法。针对产品的覆盖目标，确定从材料、零部件到产品、系统、服务的系统设计方法，尽量采用具有成本和质量优势的材料和器件。针对复杂加工制造仿真、精确测量等工艺确定产品系统设计方法，确定高质量、低成本、新功能、新结构产品的创新性制造技术。可以看出，创新研制发展的主要条件来源于设计制造理念的变化、先进材料的应用与创新性制造技术的进步。

首先是以客户为中心的设计制造。创新研制的理念要求从产品工艺设计到与制造相关的创新服务均需要关注制造业价值链中的客户，包括：产品设计智能工具，节能产品寿命周期监测与生态利用的信息技术方案，产品服务系统协同设计环境，个性化和创新产品设计众包，产品服务可持续性模拟，成本与制造能力评估，产品使用数据匿名化收集和分析，以客户为中心的按需制造、产品质量评价标准及工具，模块化、可升级、可重构、可拆卸产品的制造方案，由柔性设计制造过程实现的创意和用户驱动型创新。

其次是新材料的应用及结构加工。包括：定制化器件制造，多样异种材料连接组装技术，热固树脂与陶瓷基热固树脂复合结构或产品的自动化生产，非耗竭型原材料、生物材料和细胞

产品制造工艺，可实现自适应控制、内置传感、自愈合、抗菌、自清洁、超低摩擦、自组装等新功能的大规模生产表面加工工艺，采用先进材料的高性能设备，以及先进材料的产品寿命周期管理。

第三是创新性智能制造系统。包括：柔性、可重构机械及机器人，机械及机器人的嵌入式认知功能，身临其境、安全高效的人机交互，用于柔性生产的智能机器人，用于自适应工厂、高性能制造设备的机械电子和新型机器架构，高精密生产设备，跨学科机械电子工程工具，自适应工艺自动化及控制，动态制造执行系统，基于智能传感器和传感网络的制造工艺监测和感知，面向未来制造企业的机对机云连接，工厂中直观的用户界面、移动技术和丰富的用户体验技术，大规模定制与现实资源的集成。

可以看到，设计以客户需求为根本出发点，通过加速新材料的研发、制造和应用，催生新技术、新工艺、新产品，实现产品实用价值的最大化与文化价值的显性化。创新设计提出新思路、新工具、新模式在材料转化成产品的过程中起着不可替代的作用，是创新研制过程的首要环节；材料与工艺、设计的协同十分关键，只有这样才能发展设计核心部件、实现应用测试和优化，提高产品性能；通过制造技术对设计要求的快速响应，才能不断提高设计水平，降低产品全生命周期成本，是完成创新研制过程的必要手段。在材料、设计和制造三者的关系中，设计是灵魂，材料是基础，制造是关键。

4.2　创新研制中的创新设计技术

制造业在其发展过程中，不断吸收信息技术、材料技术、生物技术和现代管理技术等先进科技成果，并将其综合应用于产品全生命周期过程中，以实现优质、高效、低耗、清洁、灵活生产，提高对动态多变市场的适应能力和竞争能力，形成了创新研制模式。除先进制造工艺、加工过程自动化技术、现代生产管理技术和先进制造生产模式及系统外，创新研制中的设计技术已发展为内容广泛、涉及学科门类众多的主要技术门类，是根据产品功能要求，应用现代技术及科学知识，制订设计方案并使之付诸实施的技术，包括 3 方面的内容（见表 4.1）[1-2]：

表 4.1　现代设计技术的分类

	分类	涵盖内容
1	现代设计方法	包括模块化设计、系统化设计、模糊设计、面向制造的设计、并行设计、全寿命周期设计、绿色设计、智能设计、定制化设计等
2	产品可信性设计	包括可靠性设计、安全性设计、动态分析与设计、防断裂设计、防疲劳设计、耐环境设计、健壮设计、维修设计和维修保障设计等
3	设计自动化技术	包括产品的造型设计、工艺设计、工程图生成、有限元分析、优化设计、模拟仿真、虚拟设计和工程数据库等

从创新研制设计的内涵与其所包含的内容来看，制造和设计的关系密不可分。不但在产品加工制造之前需要进行产品的功能设计和工业设计，还需要进行加工工艺设计、大批量自动化生产流程设计、高效生产管理设计等贯穿产品全生命周期的设计工作。在知识网络时代，产品制造方式将发展进化为依托网络和知识信息大数据的全球化的绿色、智能制造与服务方式，制造者、用户、行销、运行服务者皆可共同参与，将创造出全新的网络智能产品、工艺装备、网络制造和新的服务方式。

从材料的设计、制备、表征、成材、成器，到形成系统和装备，再到回收再利用整个全生命周期，都将基于网络和信息知识大数据、云计算，将融合理、化、生、机、电等多学科工程技术创新，融合理论、实验与技术仿真、大数据等科学方法，体现高性能、低成本、绿色、短流程、少设备、少耗材等特征。材料的设计、构件的设计乃至系统的设计将和整个制造过程充分融合，形成一体化、数字化、智能化、网络化的发展趋势。

以智能设计为例，随着物联网、云计算、大数据、传感技术、通信技术等关键技术的日渐成熟，设计活动从一开始即赋予产品和服务智能化特征以提升其功能和用户体验，以充分反映用户行为和思维习惯。智能手机、智能手表等可穿戴设备以及智能家居家电、车载互联网等终端产品已经被广泛接受，通过挖掘非隐私性用户行为数据以提供精准高效服务的智能化服务模式不断扩大，如电子商务、社区服务、医疗健康等领域。

绿色设计是面向生态环境挑战、基于社会价值的设计模式，它改变了单纯经济利益导向的传统工业设计，将制造业带上了可持续制造的道路。绿色设计是在产品及其寿命周期全过程的设计中要充分考虑对资源和环境的影响，在充分考虑产品的功能、质量、开发周期和成本的同时，更要优化各种相关因素，使产品及其制造过程中对环境的总体负面影响减到最小，使产品的各项指标符合绿色环保的要求。绿色设计的核心是"3R1D"，即 Reduce，Recycle，Reuse，Degradable。不仅要减少环境污染、物质和能源的消耗，减少有害物质的排放，而且要使产品及零部件能够方便地分类回收并再生循环或重新利用。在绿色设计过程中，需要充分考虑节能型材料、易回收和循环利用材料、资源可再生材料的选择和利用。

4.3 创新研制中的设计新思路

创新设计能够从学科发展的角度前瞻性地提出全新的思路，指导先进制造技术发展的方向，开拓全新的技术发展前沿。创新设计在尺度上和方向上都能为制造技术提出全新的思路，其典型代表包括生物制造、分子机器和虚拟现实等。

4.3.1 生物制造

目前生物制造主要包括纳米级和微米级两大类（见图4.1）。物理结构尺寸大小为1~100 nm的微生物主要包括部分病毒个体以及细菌、真菌的局部结构或细胞器，因此纳米尺度的微生物制造方法主要集中于研究如何对微生物个体（主要是病毒）进行改性修饰。纳米颗粒如量子点、纳米金颗粒、纳米银颗粒、磁性纳米颗粒等已作为重要的修饰改性材料频繁应用于生物学的研究之中，纳米颗粒的尺寸与生物体中的蛋白质、核酸等大分子尺寸相匹配。病毒具有规则和特异的纳米结构，将不同特性的纳米颗粒修饰于病毒个体表面，有望开发出新型纳米功能材料或器件。纳米粒子也将有可能用于研究一系列有趣的细菌结构性问题，包括细胞壁运输的分子机制、肽聚糖的物理结构、细菌细胞中亚细胞组织的蛋白质和核酸的结构与功能等。

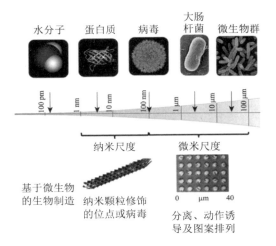

图 4.1 在不同尺度范围内的不同微生物制造方法

大部分单个细菌细胞或者小的微生物群体的尺寸大小在 100 nm 到 100 μm 之间。微米尺度的微生物制造方法主要集中于研究如何隔离、操纵单个微生物细胞的行为，以及对微生物群体进行运动行为的诱导、有序定位和图案化排列。通过微流控技术、生物打印技术、分子模板技术、基于电纺的生物支架材料技术等多种生物组装技术可实现对微生物个体及群体的调控。通过这些外力的约束来对微生物的生存环境进行精确控制，或对微生物进行定向运动诱导与定位有序排列，从而设计和创制新型功能材料或器件。另一方面，微生物的生长、代谢和行为是受其生存环境影响的，而在生物制造过程中，通常会用一些物理、化学的调控过程，来实现对微生物的形状、运动空间、表面电荷、溶液成分等的可控调节。研究微生物的新材料与新方法对微生物的微环境的控制，将可能在新的视野水平下研究微生物的生理与行为模式细节，这既有助于更高效地开发和利用微生物进行生物制造，又可阐明传统的微生物研究方法无法解决的基本科学问题。

目前生物制造领域已经有不少科学家取得了较多的研发成果。例如，日本冈山大学利用存在于自然水体中的铁氧化细菌，产生 Fe^{3+} 基非晶氧化物颗粒（直径约 3 nm，Fe^{3+} : Si^{4+} : P^{5+} 约为 73 : 22 : 5），组装形成包裹细菌细胞的微管鞘（直径约 1 μm，长度约 2 μm），并将其用作锂离子电池的阳极材料（见图 4.2）[3]。

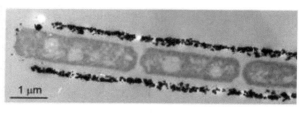

（a）　　　　　　　　　　　　　　　　　　　　　（b）

图 4.2（a）L-BIOX 高分辨 SEM 照片；（b）L-BIOX 形成的早期阶段的 TEM 照片，棒状的菌细胞头尾相连

又如麻省理工学院使用诱导性基因电路来调节大肠杆菌中淀粉样蛋白的合成，利用大肠杆菌自然形成一种包含着淀粉样蛋白"库利纤维"的生物膜，该生物膜可帮助细菌附着在物体表面。通过添加一种叫作缩氨酸的蛋白质碎片可修改库利纤维循环蛋白质链，能形成一系列混合材料，并形成金纳米纤维线，可用于制造纳米级器件 [4]。

又如 DNA 折纸术，利用 DNA 单分子链自组装成任意形状的纳米结构，是一种很有前途的微型器件制造方法。2014 年，德国亥姆霍兹德累斯顿罗森多夫研究中心（Helmholtz–Zentrum Dresden–Rossendorf，HZDR）Adrian Keller 博士开发了一种简单的 DNA 折纸自组装技术。为了使这些纳米管能在表面很好地排列，他们借鉴了自组织原理，首先照射要放置纳米结构的离子硅晶圆表面，产生类似于沙丘的有序微型纳米结构，然后通过带电 DNA 纳米结构与硅晶圆表面电荷的相互作用，使碳纳米管有序地排列在硅晶圆表面（见图 4.3）。这种方法快速、简单、廉价，同样适用于弯曲面的纳米结构 [5]。

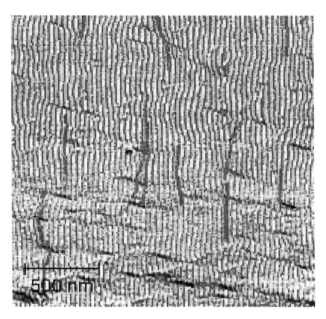

图 4.3　碳纳米管有序地排列在沙丘状的硅晶圆表面

　　生物太阳电池是生物制造技术领域的又一热点，这种基于生物制造技术的全新太阳能器件成本低、转化效率较高，有望对太阳能产业带来变革性影响。学术界已经取得了不俗的研究成果，例如德国波鸿鲁尔大学（Ruhr-Universität Bochum，RUB）将两种蛋白质光合体系 1 和 2（在植物体内负责光合作用）嵌入氧化还原水凝胶并制成高效的电子电流[6]。美国普渡大学（Purdue University，PU）研制一种新式太阳能电池，通过使用碳纳米管和 DNA 等材料，该电池能像植物体内天然的光合作用系统一样进行自我修复，从而延长电池寿命并减少制造成本。传统光电化学电池的一个最大的弊端是其内吸收光线的染料难以更新，新技术通过不断用新染料替换被光子破坏的染料解决了这个问题。科学家对 DNA 进行编程，让其具有核苷酸所拥有的特定序列，使其能识别并且依附染料。一旦 DNA 识别出染料分子，系统就开始自我组装，完成染料更新，就像植物体内时时刻刻都在进行的自我再生（见图 4.4）[7]。

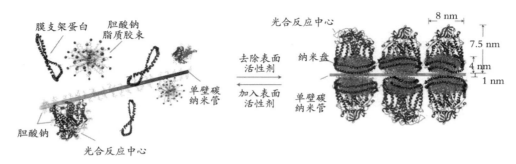

图 4.4 自组装自修复的新型生物太阳电池

生物制造将生命科学、材料科学及生物技术的知识通过创新设计融入制造技术之中，突破了传统的制造科学与生命科学间的鸿沟，将制造科学引导至一个新的天地，为人类的健康、环境保护和可持续发展提供关键技术。

4.3.2　分子机器

分子机器是能够在分子级别上经由外部刺激而产生机械运动的装置，是近三十年来不断孕育发展中的探索性研究。生物学家很早就揭示了自然界中的生命活动多是生物大分子机械性运动的结果，例如钠钾泵就是将钾离子送入细胞并将钠离子带出细胞以维持细胞离子浓度平衡的生物机制。1959 年，著名物理学家、纳米技术之父费曼（Feyman）提出了是否可以人工设计一种纳米尺度带有可运转部件的机器的假想。1983 年，法国化学家让－皮埃尔·索瓦（Jean-Pierre Sauvage）用铜离子模板配位合成了索烃（catenane），成为最早的机械互锁分子，走出了构建分子机器研究的第一步。1994 年，美国化学家詹姆斯·弗雷泽·司徒塔特（Sir James Fraser Stoddart）采用主客体化学模板得到了由环状分子结构和轴状分子结构组成的机械分子环轮烷（rotaxane），并做到了通过加热使分子环在轴两端的受控运动（见图 4.5）。

多种轮烃的合成为形形色色分子机器的出现提供了条件，分子电梯、分子肌肉、分子芯片等结构相继出现。而能够做功的分子马达是人们希望突破的下一个关口。1999 年，荷兰化学家伯纳德·费灵格（Bernard L. Feringa）创造出了第一个在机械构造上能够沿特定方向转动的 1 nm 大小的分子马达，是通过紫外光照将光能和热能转化为机械能，使分子键的一端相对另一端

360°旋转。2011 年，费灵格又将分子马达作为车轮做出了一辆有机分子构造的四驱电动纳米小车，在注入电子的情况下可以同向转动（见图 4.6）。

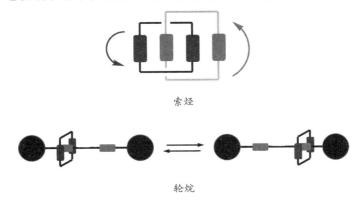

索烃

轮烷

图 4.5　索烃和轮烷的运动

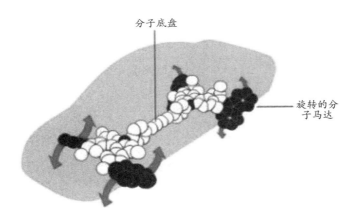

分子底盘

旋转的分子马达

图 4.6　费灵格的分子小车

　　分子机器的研究对材料的设计具有潜在意义。将分子机器整合到功能材料的设计里，可以让分子机器从分子层面上来改变或者控制材料的宏观特性。Leigh 曾经在表面修饰上一个一端含氟代烷的轮烷，通过光照让大环遮住或者暴露这一段氟代烷，从而改变材料表面的亲疏水性，使得液滴在光照下爬升。2005 年，司徒塔特将分子肌肉做到了表面上，用分子肌肉收缩使得表面产生形变（见图 4.7）；朱塞佩（Giuseppone）则在 2012 年将其整合到高分子链中，又在 2016 年实现了这种高分子材料的分层自组装。可以预期，不久的将来会出现整合分子肌肉的高分子材料制成的器件。[8]

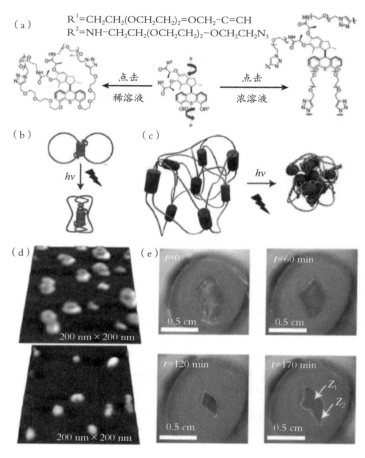

图 4.7　分子马达转动产生的材料形变

分子机器的设计与合成于 2016 年获得诺贝尔化学奖，虽然其应用前景尚不明确，但为未来材料和制造的形态提供了一条独特的实现路径。

4.3.3　虚拟现实

虚拟现实（virtual reality, VR）技术为复杂系统的制造提供了崭新的环境，使制造人员能够置身于整个制造过程中，通过人与设备协同工作来制造新一代的产品。在虚拟环境中开发解决方案，不但能大大地缩减研制周期时间和成本，而且能提高可靠性。

洛·马公司推出了其新一代可集成到生产周期中的数字化制造技术——Digital Tapestry。这种通过集成的基于模型的工程（model-based engineering, MBE）工具来驱动的 Digital Tapestry，利用名为"协同人员沉浸实验室"的"虚拟寻路"技术，实现了一个无缝的数字化环境，能够将设计和制造集成到一个过程中（见图 4.8）。

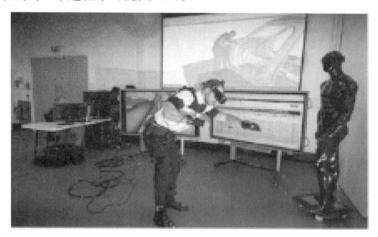

图 4.8　工程人员采用虚拟现实软件进行产品制造

"协同人员沉浸实验室"是一个先进的虚拟现实和仿真实验室，通过运动跟踪和虚拟现实技术创造了独特的协作环境，可用于探索和迅速解决问题，从而显著节省成本和时间。利用"协同人员沉浸实验室"的仿真能力，能够在设计或实际生产开始之前，在虚拟环境中对硬件设计和制造工艺进行精确微调。工程人员和技术人员可在项目开发的早期对产品和工艺进行验证、测试和了解，从而减少反复修改的成本、风险及时间。"协同人员沉浸实验室"技术的应用，可实现通过视频游戏和特效动作，尤其是动作捕捉，来直接激发人们的灵感，使工程人员可在虚拟世界中制造零部件或实现任务维护，确定并减少制造过程中的瓶颈环节。

洛·马公司正在通过 Digital Tapestry 将数字化设计引入生产的每一个阶段，从"虚拟寻路"仿真到 3D 打印，利用创新的数字化技术简化制造过程，从而缩短周期，降低研制成本。3D 打印也是 Digital Tapestry 中的一项，洛·马公司已采用 3D 打印技术打印了卫星钛合金零部件。公司相关负责人表示，虚拟寻路和 3D 打印只是其正在实施的通过技术创新实现数字化生产过程中的两项。从概念设计到实际生产，洛·马将继续寻找新的机会通过先进的技术缩短新一代卫星和导弹系统等产品的生产周期，为用户提供更经济、更高效、更可靠的产品。

空客公司正致力于飞机全尺寸三维数字化建模，在飞机机身内安装一种名为混合现实技术（MiRA）装备（见图 4.9），该装备采用了一个平板电脑和一个感应器，以追踪机身的位置，并与人体工程学分析工具关联起来，工程人员在安装支架时可回忆起相应的影像，确保他们能够正确安装。飞机上的定位元件与感应器相互作用，使其可从任意角度观测到操作位置。在安装每个零部件时，人体工程学分析工具中的数据会得到更新。这一技术已帮助在 A380 机身内安装了 8 万个支架，用于支撑液压管等系统，安装时间从 3 周减少到 3 天[9]。

图 4.9　空客公司采用 MiRA 系统帮助工程人员进行全尺寸三维数字化建模

在雷神公司开发的洞穴自动虚拟环境（cave automatic virtual environment, CAVE）中（见图 4.10），工程设计和制造团队与信息技术专家能够基于立体 3D（S3D）和增强现实技术开展协同工作，使工程师实现与合作伙伴和供应商的导弹协同设计。[10]

图 4.10　雷神的工程师与客户在 3D 空间中协同设计产品

4.4　创新研制中的设计新工具

以往在实际工业应用中，材料和制造工艺往往是脱节的。涉及材料物理特性方面的参数有很多，如密度、弹性、塑性、韧性、刚性、脆性等，但这些参数只能静态描述材料在某种状态下的物理性能。实际在材料加工过程中，在温度等外在条件的变化下，这些参数往往会发生细微的变化，在某些对误差精度要求不高的场合，这些变化往往可以忽略不计。但是在精密制造的过程中，细微的特性参数的变化，将会导致加工精度达不到设计要求，这就要求制造工艺必须随材料物理特性参数的变化适时进行相应的调整。但要从根本上解决这个问题，就需要引入一系列设计新工具，包括：①统一的材料及工艺全球标准，例如统一的词汇表、参考数据集、标准化的数据描述等；②超大规模材料特性数据库，应详细记录在各种条件下材料特性参数的变化情况；③构建大量的各种基于计算的理论模型，将制造工艺数字化、模型化；④在深入研究材料和工艺间的关系的基础上，实现对材料特性及制造工艺的预测，避免低效和重复的"反复测试"；⑤制造过程中的全面监测、动态调整。

4.4.1 标准化为"材料-器件"商业化制造扫清障碍

标准化是材料创新设计的重要工具，是器件量产和产品规模制造的保障。材料具有几乎无限的设计可变性，但到目前为止几乎没有参考数据集，使得在标准化数据描述方面面临很大的困难。许多技术、工业领域都涉及材料研究与应用，但是相关词汇表不统一，成为大规模材料数据库建设面前的拦路虎。另一方面，缺乏可用的材料及工艺标准，也无法对产品进行评估和质量管理，甚至难以预测。

以增材制造为例，增材制造是一项新兴的制造技术，但存在着术语标准不统一、生产效率较低、工艺可靠性不佳、材料的一致性和可重复性不足等问题。由于增材制造的可靠性和批次间的变异性经常是不确定的，目前尚无办法解决表面粗糙度、残余应力、孔隙率及微观裂纹等质量问题，只能通过低效和重复的"反复测试"来对这些材料和工艺进行检验，这必然带来大量成本和时间的消耗。为了解决这些问题，欧盟在 2015 年 6 月发布的增材制造技术标准化路线图中提出了增材制造的标准结构[11]，将术语、工艺 / 材料、测试方法和设计 / 数据格式作为最高层级的通用标准，以此指导从原材料、工艺设备到制成品相应的分类标准和专用标准（见图 4.11）。其中，通用标准具体说明通用概念和通用要求，分类标准针对工艺或材料的种类分类具体说明其要求，专用标准针对特种材料、工艺或应用具体说明其要求。

4.4.2 材料特性数据库为"材料-器件"制造过程提供保障

为了更深入地研究材料和制造工艺之间的关系机理，就必须依靠大型的材料特性数据库为研发提供数据基础。例如，2001—2013 年，美国航空航天局（National Aeronautics and Space Administration, NASA）材料国际太空站实验（Materials International Space Station Experiment，MISSE）探究了约 4000 种材料试样在太空环境中的性质数据，包括性能、稳定性、耐受性等。这些材料及部件将被 NASA、商业公司及国防部等应用于未来近地轨道、同步轨道、行星际空间任务等。MISSE 在线数据库包含了众多的材料测试数据，借

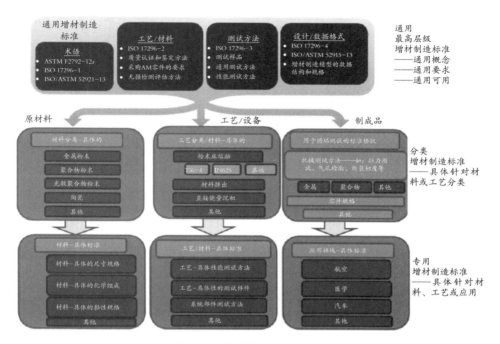

图 4.11 增材制造标准的结构

图 4.12 MISSE 安装在太空站外部，各种材料暴露于苛刻的太空环境

助这些数据，可为制造寿命更长的宇宙飞船和卫星指明方向。该数据库从属于材料及工艺技术信息系统（Materials and Processes Technical Information System），为 NASA 及其相关方提供金属及非金属材料的物理、力学和环境性质数据资源（见图 4.12）[12]。

麻省理工学院（Massachusetts Institute of Technology, MIT）开发的名为 Materials Project 的计算数据库，尽管才上线运行 4 年，但已经取得了一系列重大的发现。例如，研究人员利用 Materials Project 的在线工具找到了一种全新的透明导电材料，是智能手机等的触摸屏最重要的材料之一，而这种材料在自然界并不存在，而且也没有被预测过。此外，还有人利用该系统发现了可用于电池电极和半导体的新材料，可将水分解为 H_2 和 O_2 的新型催化剂，用于计算机存储芯片的新材料等[13]。美国劳伦斯伯克利国家实验室通过"材料项目"数据库，并借助国家能源研究科学计算中心的超级计算机等基础设施，计算得到了 1181 种（编者注：数据会继续增长）无机化合物完整的弹性性质，并且与实验数据相关性良好。这是世界上最大的关于无机物完整弹性性质的数据库[13]。

4.4.3　仿真模拟技术为"材料-器件"提供了研究模型

在大型数据库的数据支持下，研究人员将制造过程完全数字化，从量化的角度深入研究材料与工艺间的相互作用机理，主要研究内容包括：①密集计算、基于物理的模型以实现对制造工艺的模拟仿真；②工艺模型模拟了工艺与材料之间的相互作用，包括热分布及加热速度等；③微结构模型预测了压力、晶粒尺寸、应变硬化以及其他变量；④屈服强度预测工具；⑤针对不确定性进行量化，以研究工艺和特性之间的关系等。

以美国国防高级研究计划局推出的开放式制造业计划为例，其指导思想主要包括：在早期开发过程中识别关键参数及其变化和限制，减少测试和开发迭代，预测关键点的概率性能，为新技术或认证过程建立信心，加速工艺成熟速度和系统化工艺重新评估。一般方法包含以下元素：参数化的制造工艺；在制造过程中引入新型传感器；设计集成计算材料工程技术将工艺和材料特性关联起来；应用严格的模型验证以研究置信区间，用这种方式将工艺参数与成品特定位置的量化特性联系起来。

又如通用电气与麻省理工学院合作开发的集成计算材料工程网络（ICME-Net）。其目的包括：①使得处于不同物理空间的研究人员能够针对 ICME 技术进行合作开发、测试和示范；②通过材料工程模型和工艺"市场"推动技术的传播；③推动 ICME 大型、复杂的模拟仿真建设；④吸引和维持 ICME 研究团体；⑤提供两种模式（包括开源和保留知识产权）的技术及最佳实践的获取机会。目前项目已经进入了第二期，通用电气与麻省理工学院合作开发的生态系统平台技术正在为 ICME-Net 开发创新框架。

除了实验室理论研究之外，许多大型企业已经将仿真模拟技术引入了实际生产活动之中。美国福特汽车公司开发了一套虚拟铝压铸（virtual aluminum castings，VAC）设计仿真系统，使得样品的设计—制造—测试全流程都可以在电脑上完成，并能进行产品性能的微调优化，使得铝压铸件产品设计周期短、制造效率高、材料特性可控调节、产品耐久性能可预知，并且节约了以往高昂的制造开发成本费用。福特（Ford）汽车公司由于采用虚拟铝压铸技术后节省了大量研发经费。虚拟铝压铸系统主要采用商业压铸模拟软件 MagmaSoft，ProCast，ABAQUS 等搭建起了全制造和测试流程的基础性虚拟框架：压铸模型和热处理（即制造工艺）模型—局部微结构—局部材料性能—材料残余应力分析和产品耐用性预测评估—反馈至制造工艺优化（见图 4.13）。另外，还结合子程序 OptCast 以优化不同几何形状的压铸和热处理工艺模型，细化丰富制造工艺参数模型，以期建立起与制造工艺模型一一对应的局部材料微结构模型。微结构包括从分子态的共晶相、沉淀强化相、枝晶粗化到纳米态的相沉淀再到微孔形成和合金相分离及成分确定，在微结构模型的解析和建构过程中，也采用了 MicroMod，Pandat，Dictra，NanoPPT 等诸多子程序或现成的相图计算工具，全面反映不同制造工艺尤其是热处理条件对微结构形成的影响，微结构组成和分布对材料的性能特征起着根本决定性的影响，以期更全面地建立起微结构模型—局部材料性能的一一对应的数据关系[14]。

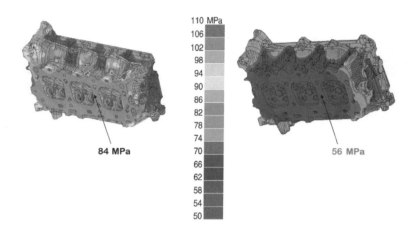

图 4.13 采用虚拟铝压铸技术计算不同压铸工艺条件下的汽缸盖局部疲劳强度

　　创新设计为从材料到产品的加工过程中带来的新模式，不仅极大地缩短了材料到产品的过程并降低了成本，还在材料科学家和工业用户之间架起了桥梁，将设计和制造集成，使得研发—反馈—研发的流程更加流畅。以美国国防部武器装备研制模式为例，以往美国国防部将要研制的装备分解为若干子系统，然后分包给不同的公司进行研制，最后进行总装测试。一旦某个子系统达不到设计要求，要么对该子系统进行整改，要么对整台装备重新设计或降低标准。这样的研发模式费时费力费钱，严重的可能导致前期投入打水漂。为了解决这个问题，DARPA 在自适应车辆制造计划（adaptive vehicle make AVM）框架下设立了 Vehicle FORGE 平台。该平台是松散地基于现代软件 "forges"（如 SourceForge，forge.mil）构建的一种基于网络的交互式协同设计环境。AVM 项目中 Vehicle FORGE 的目的是为设计活动参与者提供一个共用平台而实现合作、协同，以及提交设计进行测试。正因为如此，它也是访问设计工具、可制造性工具、零部件模型和生成的系统设计的一个门户。开发支持 AVM 工具箱的零部件模型不仅仅包括几何 CAD 数据，还包含用来描述赛博物理特性、材料特性、界面构造（interface constructs）和采购/制造能力等方面的数据。该零部件模型具有组成复杂组件的能力，这样组件的总体特征可以由构成该组件的各个零部件模型的特征所确定。

4.5　创新制造对创新设计的影响

创新设计思想、理论和方法并非凭空想象而得，而是需要一系列的工具、实验的支撑，先进制造为"材料到器件"的创新设计提供必要的实现手段，先进制造技术的进步也会给创新设计带来变革作用，下面以 3D 打印为例阐述。

过去开发一个产品，尤其是具有复杂形状的零部件，需要大量相关工具、卡具及模具等生产准备，并配合专用的加工设备才能实现，开发出的产品也并非一次能成功，还需经过验证和市场的检验。对最初设计进行多次循环改进，才能开发出符合市场需求的新产品，过程复杂而漫长。而 3D 打印技术使得人们彻底摆脱了对工具、卡具等辅助加工设备的依靠，一道工序即可完成新零部件的制造，大大地加快了产品的开发进程。目前世界三大汽车制造商均已靠 3D 打印来设计样车，借 3D 打印技术将汽车的研发周期缩短到原来的 1/3 到 1/5，并且在此过程中不需要生产模具，而在样车试验成功之后，才根据样车的结构特点，设计制造模具，进行汽车量产。这样可以节省大量的样车模具开发费用和开发周期。3D 打印技术的进步，将给创新设计带来变革性改变，主要体现在以下几个方面：

4.5.1　3D 打印技术可带来设计理念的改变

3D 打印技术使传统加工方式无法实现的复杂产品制造变为可能，人们可以大大地提高零部件的集成度，简化产品设计。如美国航空航天局利用 3D 打印技术制造的火箭发动机通过测试验证，将原来上百个零部件简化为数十个（见图 4.14）[15]。

图 4.14　NASA 采用 3D 打印技术制造的火箭发动机

4.5.2　3D 打印技术将会给工业模式设计带来变革

在目前的大工业生产模式下，一个产品的制作需要偌大的厂房、众多的机器、大量专业的设计与加工技术人员才能实现，并且因专用装备、生产辅具等投资成本原因，产品样式有限，供客户选择的空间很小。而 3D 打印技术的推广与普及将使产品个性化成为可能，并使得生产的组织模式随之变化。将来的设计师不用再去工厂，可以在家里把设计好的东西提交到云端上去，而用户可以根据自己的喜好从云端下载所需要的产品，选择它的设计结构或对外型加以改观设计，利用家用 3D 打印机就可加工出符合需求的产品，使得产品满足个性需求。

4.5.3　3D 打印技术是将创新设计转化为实物的有效途径

科学家们可以通过模拟仿真技术，预测出具有特定微观结构的材料的物理特性。但是能否将预测内容转化为实物，并对预测结果进行检验则是非常关键的问题，3D 打印技术则为科学家们提出了可行的解决方案。例如，美国劳伦斯利弗莫尔国家实验室和麻省理工学院通过 3D 打印金属或聚合物等多种材料而制造的新材料，在重量和密度相当的情况下，其刚度是气凝胶材料的 1 万倍。新材料是通过一种高精密的 3D 打印技术——面投影微立体光刻技术来制造的，所具有的高刚度特性与聚合物、金属和陶瓷等多组分材料等相一致，制造过程包括采用微镜显示芯片将光敏原材料一次制造出高保真三维零部件，这就允许研究人员能够快速制造出带有复杂三维微观尺度几何结构的材料，而这也是采用其他方法很难实现的（见图 4.15）。

图 4.15　高刚度低密度材料微观结构

4.5.4　3D 打印技术颠覆了传统的制造设计模式

在大多数情况下，人们无法简单地将一种金属原材料添加到另一种金属中，并且期望开发一种新的无裂纹、无有害相的金属合金。开发金属梯度合金需要掌握大量的相变知识，以避免形成包含脆性金属间化合物的梯度组分（脆性金属间化合物会导致裂纹形成和功能零件破坏）。在 NASA 喷气推进实验室当前的一项研究中，研究人员确认几种增材制造技术能够用于开发在不同位置之间成分变化的金属零件，从而实现完全控制零件力学或物理性能。这改变了传统金属制造模式，即依赖于采用涂覆、热处理、加工硬化、喷丸硬化、刻蚀、阳极氧化等"后处理"方法改变材料局部特性。采用增材制造技术成形最终零件，可实现一类全新材料的开发，即所谓"功能梯度金属"或"梯度合金"。

在太空光学应用中，玻璃镜常常是通过环氧树脂黏结到金属镜座，金属镜座再黏结或固定到一个光具座上。当零件被暴露在极端寒冷的环境下，支撑玻璃镜的环氧树脂会出现裂纹，固定镜座的紧固件则会收缩，从而导致玻璃镜移位。而采用梯度合金制造镜座，玻璃镜可黏结到因瓦合金，这种金属热膨胀系数接近于零，与玻璃的热膨胀系数相近。但是，并不需要整个零件都采用因瓦合金制造，而更适合过渡到不锈钢，然后再焊接到光具座，从而消除不同金属热膨胀系数的不匹配。

由于 3D 打印技术是逐层添加制造而成，并且可以在打印的过程中使用不同的材料，因而 3D 打印技术为制造梯度合金零部件提供了完美的解决方案。图 4.16 是 NASA 喷气推进实验室利用 3D 打印技术制造的梯度合金镜座[16]。

图 4.16　采用增材制造技术制造梯度合金镜座

4.5.5　3D 打印技术将为特殊场合的装备设计带来变革

以空间应用为例，运载火箭在发射前必须对所运载的物质进行检验，等发射到太空中后即使发现少了一颗螺丝钉都是非常麻烦的事。另一方面，运载火箭的载重负荷有限，运输成本也很高，不可能携带过多的物资。如果能够携带一个小型"工厂"，在太空中根据实际需要制造零部件，将大大地提高太空任务的安全性和可靠性，同时降低太空任务成本。美国航空航天局已经在着手开展相关研究，图 4.17 为美国航空航天局在失重状态下测试 3D 打印技术[17]。

图 4.17　NASA 在失重条件下测试 3D 打印技术

2014 年，美国太空制造（Made In Space）公司研制的微重力环境下使用的 3D 打印机（见图 4.18）已通过 NASA 的测试，由 2014 年 8 月发射的"龙"货运飞船 Space XCRS-4 送往国际空间站，以取代原先计划采用的 Space XCRS-5 飞船。

图 4.18　微重力 3D 打印机

参考文献
REFERENCES

[1] 王隆太.先进制造技术 [M].北京：机械工业出版社，2013.

[2] 黄宗南，洪跃.先进制造技术 [M].上海：上海交通大学出版社，2010.

[3] HASHIMOTO H, KOBAYASHI G, SAKUMA R, et al. Bacterial Nanometric Amorphous Fe−Based Oxide: A Potential Lithium−Ion Battery Anode Material[J]. ACS Applied Materials & Interfaces, 2014, 6 (8): 5374−5378.

[4] CHEN A Y, DENG Z T, BILLINGS A N, et al. Synthesis and patterning of tunable multiscale materials with engineered cells[J]. Nature Materials, 2014, 13: 515−523.

[5] TESHOME B, FACSKOA S, KELLER A. Topography−controlled alignment of DNA origami nanotubes on nanopatterned surfaces[J]. Nanoscale, 2014, 6 (3): 1790−1796.

[6] KOTHE T, PLUMERÉ N, BADURA A, et al. Combination of A Photosystem 1-Based Photocathode and a Photosystem 2-Based Photoanode to a Z-Scheme Mimic for Biophotovoltaic Applications[J]. Angewandte Chemie International Edition, 2013, 52 (52): 14233−14236.

[7] HAM M H, CHOI J H, BOGHOSSIAN A A, et al. Photoelectrochemical complexes for solar energy conversion that chemically and autonomously regenerate[J]. Nature Chemistry, 2010, 2 (11): 929−936.

[8] 成楚旸.分子机器的研究现状和未来的挑战 [R/OL].（2016−11−04）. https://www.materialsviewschina.com/2016/11/research-status-of-molecular-machines-and-future-challenges/.

[9] NATHAN S. In touch with reality: the digital future of the factory[N/OL].
（2015−09−21）. http://www.theengineer.co.uk/in-depth/the-big-story/in-touch-with-reality-the-digital-future-of-the-factory/1019837.article.

[10] NEILL S O. Raytheon Uses Augmented Reality To Speed Missile Design[N/OL]. (2014−04−02). https://www.informationweek.com/raytheon−uses−augmented−reality−to−speed−missile−design/d/d−id/1141549.

[11] SASAM. Additive Manufacturing:SASAM Standardisation Roadmap[N/OL].
（2016−11−23）. http://www.sasam.eu/index.php/downloads/download/14-articles/162-sasam-standardisation-roadmap-open-june-2015.html.

[12] BUCK J. NASA Launches Comprehensive Database of Materials Tested on International Space Station[N/OL]. （2014−08−17）. http://www.nasa.gov/centers/marshall/news/news/releases/2014/14−174.html#.VHgrEPmUd4U.

[13] CHAO J. Accelerating Materials Discovery with World's Largest Database of Elastic Properties[N/OL]. （2015−04−21）. http://newscenter.lbl.gov/2015/04/06/accelerating-materials-discovery-with-worlds-largest-database-of-elastic-properties/.

[14] ALLISON J, Li M. Virtual Aluminum Castings: An Industrial Application of ICME[J/OL]. （2015−06−19）. http://www.tms.org/pubs/journals/jom/0611/allison−0611.html.

[15] MCMAHAN T. Successful NASA Rocket Fuel Pump Tests Pave Way for 3−D Printed Demonstrator Engine[N/OL]. （2015−08−26）. https://www.nasa.gov/centers/marshall/news/news/releases/2015/successful−nasa−rocket−fuel−pump−tests−pave−way−for−3−d−printed−demonstrator−engine.html.

[16] NASA's Jet Propulsion Laboratory. Applications for Gradient Metal Alloys Fabricated Using Additive Manufacturing[N/OL]. （2015−06−27）. http://ntrs.nasa.gov/archive/nasa/casi.ntrs.nasa.gov/20140002271.pdf.

[17] NASA. 3D Printing In Zero−G Technology Demonstration (3D Printing In Zero−G)[EB/OL]. (2017−11−29). https://www.nasa.gov/mission_pages/station/research/experiments/1115.html#images

第5章

材料创新设计路线图

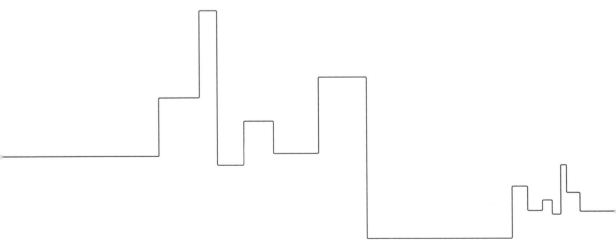

在信息网络时代，以绿色低碳、网络智能、共创多样、可持续发展为特征的设计制造与材料创新将引领支撑中国制造，为传统产业、新兴产业、现代服务业、公共和国防安全提供先进智能装备和服务，将全面提升中国材料和制造业的质量和效益，有效提升在全球市场中多样化、个性化、定制式设计制造服务的适应力和引领性，进而提升中国制造在全球产业链中的地位、竞争力和附加值。

在信息网络时代，我国对新材料数量和种类的需求将持续增加，将更加重视新材料的性能、可靠性和成本，要求新材料具有多种功能、更少依赖资源与能源、具备环境友好性等，将更加注重增材与减材技术、材料成分与结构精确控制制备、成形、连接与处理改性等技术创新，将更加需要设计学、材料科学、数理化生等基础科学、智能科学、计算科学、系统科学、虚拟现实、传感与智能控制工程、机器人、制造工程等多学科交叉融合。由此，我国的新材料将在支撑交通运输、能源动力、资源环境、电子信息、农业和建筑、航空航天、国防军工以及国家重大工程等领域发挥更加重要的作用[1-5]。我国经济社会的发展对材料的总体需求如下：

（1）为开拓空天海洋、深部地球，满足国家重大战略需求和重大工程（如深海战略、探月工程、大型飞机制造等），对结构材料提出更高更苛刻的要求，促使结构材料向着性能极限、奇异性能、综合性能、结构域多功能一体化、耐苛刻环境和极端条件等方向发展[2,5]。

（2）目前我们正处于信息网络时代，信息技术正在向着数字化、网络化的方向迅速发展，信息领域对于材料的需求涉及多个方面，包括信息的产生、传输、获取、处理、存储和显示等，需要大力发展微电子材料、光电子材料、电子元器件材料、信息防护材料、碳基材料等新型材料[6,7]。

（3）我国即将迎来老年人口高峰，人口健康对生物医用材料提出新要求。除医疗器械材料外，还需发展人体植入材料、药物控释材料以及早期诊断技术所用的新的生物医用材料。

（4）应对能源问题和挑战，需要提高能源效率，开发新型能源，因此对能源装备用结构材料和能源储存及转换材料提出强烈要求；在环境问题日益受到国际关注的情况下，加强环境保护、实现人与自然的和谐发展对材料制造新技术、环境友好材料和空气净化材料不断提出新要求；在自然资源不断枯竭的情况下，需要发展新型材料和制备加工技术，以及材料的循环使用和回收利用技术。

（5）随着碳材料研究和关键工艺的突破，碳材料及其复合材料的性能提升为相关领域的创新设计与典型产品带来了巨大的生机与活力，为科技进步和人类发展发挥了重要作用，甚至将带来新的工业革命。碳纤维及其复合材料、碳基纳米材料及其复合材料将是国防和国民经济各个重要领域的关键战略材料。

从未来的需求和发展趋势来看：空天海洋、深部地球、超常环境（超高温、超低温、超高压、强辐射、超强腐蚀等）、超常尺度、超常功能、生物医学工程、介入治疗、人造器官等将成为设计制造与材料创新的新领域和新目标。人们将致力于设计创造利用绿色材料与制备工艺，超常结构功能材料，可降解、可再生循环材料，以及具有自感知、自适应、自补偿、自修复功能的智能材料等。而材料的设计、制备、表征、成材、成器，也将基于网络和信息知识大数据、云计算，将融合理化生等工程技术创新，将融合理论、实验与计算仿真、大数据等科学方法，将依靠高时间、空间、能量、元素组成和多尺度结构的精确测量与表征。

综上所述，根据社会需求的演变与创新设计的特点，重点选择和我们未来社会发展以及人类需求紧密相关的新型结构材料、信息材料、能源与环境材料、生物医用材料、碳基复合材料、超常材料、海洋工程材料等绿色、智能、环境友好、可循环利用材料进行分析；本着"材要成器，器要好用"的理念，围绕国家重大战略和重大工程，使用先进的创新设计和工艺，形成提升中国制造业创新水平、提高人们生活质量、改变民众生活方式的创新性材料、器件和产品，编制材料创新设计的路线图。材料与创新设计发展总路线图如图 5.1 所示。

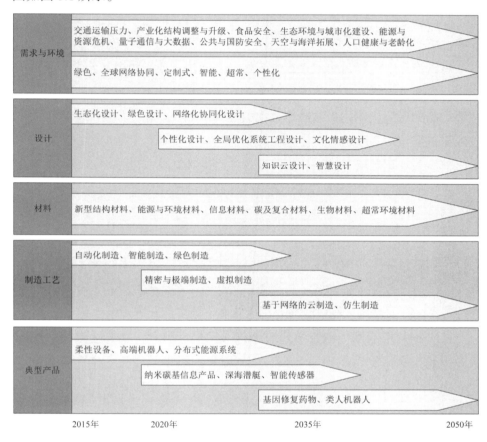

图 5.1　材料与创新设计发展总路线 [8~10]

5.1　高性能结构材料创新设计路线图

5.1.1　现状及态势分析

金属、陶瓷和高分子材料长期以来是三大传统的工程结构材料。工业化迅速推进，对工程结构材料的性能提出了越来越高的要求，也推动了新一代高性能结构材料的发展。高性能结构材料是一类具有高比强度、高比刚度，耐高温、耐腐蚀、耐磨损的材料，是在高新技术推动下发展起来的一类新材料，是国民经济现代化的物质基础之一。研制与开发具有高比强度、高比刚度，耐高温、耐磨损、耐腐蚀等性能结构的材料，是新一代高性能结构材料发展的主要方向。

钢铁作为金属材料的主角在经济建设和现代工业文明中起着十分重要的作用。目前世界钢铁工业的发展趋势是：在扩张钢铁生产规模的同时，各国注重产品结构的优化；为节约能源和减轻钢铁工业对环境的污染程度，大力发展绿色钢铁冶金技术。为使钢铁材料达到高性能和长寿命的要求，在质量上已向组织细化和精确控制、提高钢材洁净度和高均匀度方面发展。熔融还原和直接还原是炼铁的新工艺，美、日、德等国已建成新的短流程炼铁生产线。熔融还原、直接还原等新的炼铁工艺，以及连铸连轧和"带液芯压下"等钢板生产技术得到了广泛应用。为了提高钢材的质量、性能，延长使用周期，在钢铁材料生产中，广泛应用信息技术改造传统的生产工艺，提高生产过程的自动化和智能化程度，实现组织细化和精确控制，提高钢材洁净度和高均匀度，开发低温轧制、临界点温度轧制、铁素体轧制等新工艺。

世界各先进国家当前也争相发展稀有金属新材料。高强、高韧、高损伤容限钛合金，以及热强钛合金、新型阻燃、耐蚀钛合金、锆合金、难熔金属合金、钽钨合金、高精度铍材等一直是各国国防新材料计划的重要研究内容。

高温结构材料被世界各国列为高性能结构材料领域的重点发展对象。高温结构材料主要包括以下种类：高温合金、粉末合金、高温结构金属间化合物、高熔点金属间化合物等。在国际上，变形高温合金品种目前有百种以上，在这些变形高温合金品种中，用量最多的有 Inconel718 和 Hastoloyx，新型的还有 In909 和 In783 等。铸造高温合金，随着定向凝固、单晶、超纯熔炼技术的发展，铸造合金从定向正发展至单晶，单晶合金也已先后研制出一代、二代和三代等产品。粉末合金主要用于高推重比发动机涡轮盘和发动机叶片，第三代粉末合金产品目前已经研制成功。高温结构金属间化合物主要是 NiAl、TiAl 合金。高熔点金属间化合物主要探索研究的是 Mo-Si 系合金。

耐热、耐磨、高比强、高比刚、高韧性的新型高性能铝合金，以及纤维增强和颗粒增强金属基复合材料是交通运输等行业急需的新材料，是美国、日本等发达国家的重点研发方向。轻质高性能镁材因具有系列优良性能和资源优势而被称为"21 世纪新兴绿色工程材料"，也是工业发达国家大力发展的轻质结构材料[11]。

有色金属新材料是我国实施重大工程和发展高技术产业的基础和先导。有色金属新材料是我国发展大飞机、高速轨道交通等重大工程的基础先导材料。目前，我国 ARJ21 支线客机所选用的高性能铝材全部依赖进口。大飞机工程对我国新一代铝合金及高性能钛合金新材料的工程化制备技术提出了迫切需求，怎样立足于国内实现这些高性能轻合金结构材料的工程化供应是未来一段时间内我国有色金属结构材料领域必须完成的重要任务。此外，先进铝合金大断面挤压型材、高性能铜合金导体材料等都是高技术工程和高速铁路发展的重要基础材料，对满足我国未来重大工程建设具有重要的支撑作用。以镁合金为代表的新一代轻量化结构材料将带来巨大的社会经济效益。日本起步最早，在 20 世纪 90 年代就已经开始尝试利用镁合金制造轮毂。2007 年，日本国内对镁金属的需求量达到历史最高值，约 4.7×10^4 t[12]。2009 年 11 月，时任韩国总统李明博在经济政策会议上提出，到 2018 年以前向"世界首要材料"（World Premier Materials）项目投入 1 万亿韩元（约 8.64 亿美元），用以开发十种包括镁在内的全球领先的工业材料。2014 年，美国在国家制造业创新网络框架下建立的现代及轻质金属研究所，将镁作为重点研究材料之一。

先进的陶瓷材料是近年来迅速发展的新材料之一，主要是功能陶瓷和陶瓷基复合材料。先进的结构陶瓷研究的技术问题主要是增韧技术。高温结构陶瓷材料是先进陶瓷材料发展的重点，其主要应用目标是燃气轮机和重载卡车用低散热柴油机。采用陶瓷发动机可以提高热效率，降低燃料消耗。美国的综合高性能涡轮发动机技术计划（IHPTET）和先进热机材料计划（HITEP）

提出，陶瓷基复合材料的目标是用于高温 1650 ℃以上的发动机。

树脂、纤维和橡胶，这 3 大类高分子合成材料目前世界年产量已经达到 1.8×10^8 t 以上，其中有 80% 以上是合成树脂和塑料。新型高分子结构材料发展的重点是特种工程塑料、有机硅材料、有机氟材料、高性能纤维、高性能合成橡胶、高性能树脂等。合成树脂是在迅速发展中的材料。高性能乙丙橡胶生产技术已经进入新阶段，以活性阴离子聚合、活性阳离子聚合，以及弹性体改性和热塑化等技术为开发的热点。高分子材料的绿色工程技术在世界范围内也已经受到普遍重视。

复合材料是先进结构材料发展的新方向，应用十分广泛。其研究与开发重点是：高聚物（树脂）基复合材料、金属基复合材料和陶瓷基复合材料。C/C 复合材料（碳纤维增强碳基体复合材料）强度比高温合金高 5 倍，被普遍认为是推重比 20～30 发动机热端件的优选材料。C/C 复合材料在民用飞机、高速列车等应用上呈发展态势，到目前为止，已经形成成熟材料和工艺，正在向高效率、低成本、多功能方向发展。

高性能结构材料是支撑航空航天、交通运输、电子信息、能源动力以及国家重大基础工程建设等领域的重要物质基础，是目前国际上竞争最激烈的高技术新材料领域之一。在传统材料改性优化方面，通过对钢铁凝固和结晶控制等基础理论研究，发现冶金过程晶粒细化调控可大大提高钢材强度，发展的新一代钢铁材料的强度约比目前普通钢材高一倍，研究成果已部分应用于汽车、建筑等行业，被国内冶金界认为是推动钢铁行业结构调整、产品更新换代、提高钢铁行业技术水平的一次"革命"。在高性能陶瓷部件方面，我国解决了耐高温、高强、耐磨损、耐腐蚀陶瓷部件的关键制备技术，并在钢铁工业、精密机械、煤炭、电力和环境保护等领域得到应用；研发出具有优异耐冲蚀磨损性能的煤矿重质选煤机用旋流器陶瓷内衬、潜水渣浆泵用耐磨陶瓷内衬，已在黄河治理中得到批量应用。在轮胎用稀土顺丁橡胶的工业化技术方面，完成了关键技术的突破，实现了国民经济支柱产业的提升。与传统的镍系顺丁橡胶相比，稀土顺丁橡胶的疲劳寿命提高 50%，耐久性能提高 32%，高速性能提高 54%，表面温度降低 20 ℃。

5.1.2　创新发展路径

5.1.2.1　未来需求与环境

航空航天、武器装备等技术领域的设计需求，是推进结构材料发展的重要动力。航天航空、海洋工程装备、高速轨道交通、汽车、医疗等行业对新型轻合金及复合材料的需求巨大，对材料特性的需求主要表现在轻质、高强度、高韧性、高损伤容限、大尺寸、耐高温、耐腐蚀、耐疲劳等方向 [2, 4]。

5.1.2.2　设计

涉及的设计包括：高强度异型结构设计、人性化设计、超轻结构设计（简约设计）、绿色设计（产品可回收设计、产品可拆卸设计）、可变形柔性结构设计、协同设计（"设计-仿真"一体化、"设计-制造"一体化）。

结构材料量大面广，其产业规模大，与其他产业的关联度高，尤其与装备制造业关系密切。材料是制造业的基础，制造业的发展需要大量的结构材料作为支撑和保障。根据未来社会发展的重大需求，我们要重点发展各种结构材料。

2015—2020 年，结构材料领域将着重发展高强度铝合金、耐热镁合金等强度高、轻量化的结构材料，以满足人类实现大规模空间站建设、新型航天器开发等的需求；开发汽车工业、造船工业等新型结构材料，如低成本钛合金、镁合金、铝合金、碳纤维等，满足人类社会活动需求；发展应用于医学领域的高分子结构材料。

2021—2035 年，针对人类探索未知太空和海洋世界的需求，发展高强超轻、耐高压、耐腐蚀材料，这类材料包括耐蚀镁合金、新型钛合金、高强度钢、高强度透明材料等。

2036—2050 年，重点发展可培育增长智能结构材料，如自增长骨骼等材料。

5.1.2.3　制造工艺与装备

粉末冶金技术、3D 打印技术将成为未来材料制造的主要发展技术，相关精密制造装备的开发也是今后发展的重点。新特性带来的不仅是用途的扩展、性能的提升，而且也必然带来材料成形与加工的难题。因此，高强度结构材料加工装备将是今后重点发展的技术之一。超精密微成型技术、金属材料低成本循环利用技术、大型铸锻件加工技术、记忆合金、纳米晶材料结构功能复合化技术、材料寿命周期全过程评估、材料组织性能和制备加工的精确设计与控制等技术将会是今后材料制造工艺与技术发展的重点方向；智能结构材料的出现将是技术发展的必然，而解决智能结构材料制备工艺与装备问题是实现智能结构材料应用的关键基础问题之一。高性能结构材料创新设计路线如图5.2所示。

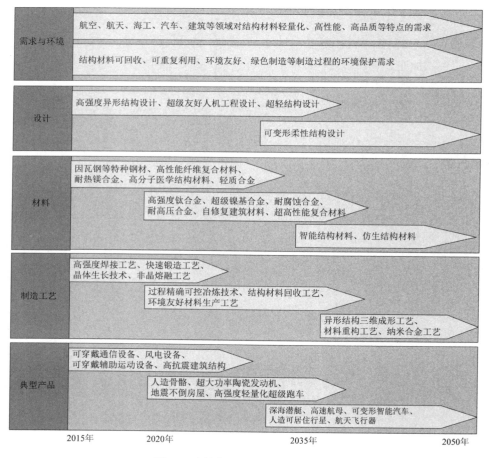

图5.2 高性能结构材料创新设计路线

5.2 信息材料创新设计路线图

5.2.1 现状及态势分析

随着信息技术向数字化、网络化的迅速发展，信息领域对材料的需求涉及信息的产生、发射、传输、接收、获取、处理、存储和显示等各个方面。涉及的材料包括大尺寸硅单晶及晶片外延技术、第三代半导体材料、微纳电子材料、信息存储材料、光电显示材料等。

硅单晶抛光片和外延片是应用最广泛的半导体材料，随着器件的不断等比例缩小以及追求成本的降低，大直径硅材料在缺陷、几何参数、颗粒、杂质等控制技术方面不断完善。目前，国际上直径 300 mm（12 in）硅材料可满足 32 nm 技术节点的集成电路要求。硅材料在 2019 年前应满足 16 nm 集成电路工艺要求，2030 年前应满足 10 nm 集成电路工艺要求。国内在硅单晶抛光片和外延片方面已达到 $0.13 \sim 0.10\,\mu m$ 的水平、直径为 300 mm；SOI 技术达到 200 mm（8 in）直径，但未应用于极大规模集成电路领域；应变硅技术仍处于实验水平。

美国在 SiC 的研发和生产方面处于领先地位，国内已经制备出 3 in 的 SiC 晶片，但与国外相比仍比较落后。目前有公司开始商业化生产 2 in、3 in 的晶片，但在性能上与欧美厂商的相比，尚存较大差异，微管密度和位错密度还难以满足微电子工业的要求。提高质量、降低成本是促进 SiC 在微电子领域广泛应用的前提。

高 k 栅介质材料方面，各跨国公司都竞相开展这方面的研发工作，但相关技术和研究成果基本都处于商业保密状态。国内开展了大量 MOS 器件在采用新结构、引入新型氧化物高 k 栅介质方面的研发工作。有关单位研究了新型高 k 栅介质和金属栅电极材料与 MOSFET 器件集成工艺、可靠性等相关问题，可提供大尺寸硅单晶衬底、电子级高纯铪基氧化物和稀土原材料。

阻变存储材料利用不同电激励作用下出现的高低阻态可逆转变现象来实现数据存储功能。阻变存储器件具有结构简单、读写速度快、与 CMOS（complementary metal oxide semiconductor）工艺兼容性强、易于实现集成化等优点，非常适于嵌入式应用。阻变存储的高密度存储能力十分可观，有望成为最有可能替代电荷存储的下一代非易失性存储技术。目前，针对阻变材料及其器件的研究很多，欧、韩、日、中等国的诸多企业和研究机构对阻变存储研究均投入了较大的研发力量。但未来还需要通过阻变机理研究，解决器件的耐久性与转变过程中转变参数的离散性等问题。相变存储（phase-change memory，PCM）材料是近年来业界热门研发的主题之一，主要利用硫化物合金 Ge、Se、Te 等由非晶向晶态的可逆相变，实现非挥发性存储功能，并呈现出优异的持久性，与标准的 CMOS 集成工艺也有非常好的兼容性。相变材料制作的相变内存无论是在专利布局、芯片试产还是学术论文上都开始有优异的表现，已开始商业应用，可望大规模地取代 NOR Flash 市场。铁电存储材料作为有前景的存储材料引入国际半导体技术指南，表现出非挥发存储特性和高速擦写能力，但一直因为存储能力低，以及电容制作、集成、可靠性等方面的问题，而未得到真正应用。近期以 PZT（或 Pb(Zr,Ti)O$_3$）和 SBT（SrBi$_2$Ta$_2$O$_9$）为主，并采用 CSD，PVD 和 MOCVD 等沉积薄膜，最近将可能引入 BLT（(Bi,La)$_4$Ti$_3$O$_{12}$），BFO（BiFeO$_3$）等，薄膜沉积方法也将引入 ALD。自旋电子材料（磁电子材料）是具有发展前景的高性能磁敏感材料和海量存储器材料。美、日等国已经研制出多种磁随机存储器件，其中磁场驱动型 16 BM MRAM 产品已成规模投入使用，并在今后 5 年里有望获得 1 GB 至 10 GB 具有数据非易失性的电流驱动型磁随机存储器（STT-MRAM）的重大突破和大规模应用，能显著提升和变革现有计算机内存芯片等关键信息存储技术和器件。基于磁电阻效应的传感器已在发达国家获得了应用。我国重点开展了磁性随机存储器（magnetic random access memory，MRAM）的基础性研究，完成了传统型 16×16 bit MRAM 演示器件的制备和演示工作，在国际上首次设计和制备出采用外直径为 100 nm 环状磁性隧道结为存储单元，并采用自旋极化电流直接驱动的新型 4×4 bit Nanoring MRAM 原理型演示器件，具有自主知识产权。另外，国内在半导体自旋电子材料方面制备出了高质量 III-V 族、IV 族和氧化物等稀磁半导体及其异质结构[13]。

蓝宝石材料是目前 LED 照明外延片和芯片产品最重要的基础材料。随着 LED 照明产业的飞速发展，业界对蓝宝石基片的市场需求越来越强烈。2009

年以前，国际市场上蓝宝石衬底的龙头供应商是美国的 Rubicon 和俄罗斯的 Monocrystal 公司，两家企业的蓝宝石产能一度占据了全球产能的 60% 以上。近两年，老牌企业的市场占有率下滑，并逐渐被新兴的东亚地区厂商赶超。苹果公司于 2014 年初提交专利，可将蓝宝石应用在屏幕保护玻璃上。蓝宝石目前已经被应用于 iPhone 手机的镜头保护盖和 Home 键上，这一营销概念在未来可能拉动蓝宝石在手机应用领域的需求。蓝宝石单晶是发达国家高速战斗机、导弹等中波透红外窗口材料的极佳选择。美、英、俄已开展大尺寸蓝宝石红外窗口研究，并应用于美国响尾蛇系列、以色列 Python-4、英国 Asraam 导弹上 [14]。

由于氮化镓材料 P 掺杂的突破，半导体光发光二极管（LED）技术得到了飞速发展。我国在 LED 外延材料、芯片制造、器件封装、荧光粉、功能性照明应用等方面均已掌握自主知识产权的单元技术，而且部分核心技术具有原创性，初步形成了从上游材料与芯片制备、中游器件封装到下游集成应用的比较完整的创新体系与产业链。

OLED 材料的开发，国内尚处于起步阶段。特别是 OLED 核心材料——高性能有机光电材料，相对于国外有机光电材料的发展，国内的开发速度和技术实力有些落后，但近年来的发展很快。我国在 OLED 材料的创新上取得了一系列的进展，其中新型三齿配体红光材料、新型白光器件、聚四氟乙烯新型阳极缓冲层、新型阴极结构等专利技术均达到国际先进水平。

我国以光电功能晶体为主的人工晶体的研究工作有良好的基础，特别是在无机非线性光学晶体方面相继发现了多种"中国牌"的人工晶体，如非线性光学晶体偏硼酸钡（$\beta\text{-}BaB_2O_4$，BBO）、三硼酸锂（LiB_3O_5，LBO）、氟硼铍酸钾（$KBe_2BO_3F_2$，KBBF）等，发展了磷酸钛氧钾（KTP）熔盐法生长技术，取得举世瞩目的成就；并用下降法批量生产了大尺寸锗酸铋（BGO）闪烁晶体，满足国际重大科学工程需求，和 BBO 等晶体一起，相继走向世界，成为国际知名的中国品牌人工晶体高科技产品。我国的激光晶体处于国际前沿水平，除基本满足我国经济建设和国防的需求外，还在国际市场占有重要份额。但是，总的说来，我国人工晶体的优势尚不全面，创新能力尚需大幅度提高，特别是适于工程化的关键技术及国际装备的研发尚需大大加强。

随着"物联网"的兴起，作为"物联网"的核心与基础的传感技术将得到前所未有的发展。"物联网"信号的传输与处理均建立在这个基础之上。我国传感器材料的研究和工程化均落后于发达国家。例如，应用于军事、航空航天等领域的高性能传感材料，西方国家对我国严格禁运。应用于核电站的核级一次仪表的国产化产品几乎全是空白；堆内测温铂电阻，如1E级铂电阻等产品全部依赖进口，某些国家有限制地对我国出口该产品。我国化工行业、安全监测的传感器市场在很大程度上被国外企业所占领。传感器材料发展水平落后严重阻碍了我国汽车、石化、核电、航空航天等行业的发展。目前，我国具有自主知识产权的创新性成果不多，科研成果向产业转化速度慢、效率低，取得显著社会经济效益的项目少；既能够代表国家水平，又能实现大规模生产的企业少，高档产品少，市场占有率低；生产工艺装备离国际水平差距较大；整体还处于跟、追状态。

5.2.2 创新发展路径

5.2.2.1 未来需求与环境

信息领域是当今世界创新速度最快、通用性最广、渗透性最强的技术领域，信息领域的创新能力和发展水平是国家创新能力的突出体现。信息产品的发明创造和广泛应用，有效地促进了硬件制造与软件开发相结合，物质生产与服务管理相结合，实体经济与虚拟经济相结合，形成了经济社会发展的强大驱动力。当前，集成电路发展正逐步进入"后摩尔时代"，科研界和产业界更多地从扩展摩尔定律和超越互补金属氧化物半导体中寻找新的出路；计算机逐步进入"后PC时代"，"Wintel"平台逐步走向瓦解，多开放平台正在形成，新型终端已进入百姓生活；解决信息系统面临的可扩展、功耗、可用性等瓶颈问题，需要变革性的信息功能材料和器件。

5.2.2.2 设计

根据需求，人们将致力于依靠无处无时不在的无线宽带互联网、物联网和智能终端等更先进的信息基础设施，设计出全球智能、安全可靠、无线宽带，共创分享、多样无限的大数据、云计算、云储存和云服务系统。如在信息的显示及交互设计方面，目前的显示方式主流是液晶屏幕，而便携、高清为发展的趋势，未来的显示方式发展方向有投射式、可穿戴式等。交互方式从鼠标键盘到触摸屏的手势交互。立体手势交互和未来可能采用的脑电波交互等方式都代表着交互方式需要满足人们更方便地与智能终端进行交互的要求。

5.2.2.3 重点发展材料

未来信息材料的主要发展方向为微电子关键材料、半导体照明材料、自旋电子学材料、激光及非线性光学晶体材料、传感材料、稀土功能材料等。

2015—2020 年，主要发展大尺寸硅单晶和晶片、磁性存储材料、晶体材料、光纤传感材料及高磁能积永磁材料等。

2021—2035 年，主要发展高效荧光材料、GMR/MTJ 材料、高亮及大功率封装材料、稀土发光材料、高磁能积稀土磁性材料等。

2036—2050 年，主要发展高温宽带隙半导体材料（GaN，SiC，金刚石薄膜）、大直径Ⅲ-Ⅴ族化合物半导体材料、半导体微结构材料、稀土超磁致伸缩材料、稀土晶体材料等。

5.2.2.4 制造工艺与装备

随着信息材料的逐步发展，其制造工艺与装备也应不断改善，主要表现在外延材料生长技术、晶体界面形状稳定控制及生长溶质输送技术、光纤传感敏感材料成膜及微加工技术、稀土材料及器件装备技术、测试及仿真技术等。

至 2020 年前后，在微电子材料方面，实现 300 mm 硅材料产业化，满足 IC 的 65 ~ 45 nm、32 ~ 22 nm 线宽要求。在半导体照明材料方面，实现低缺陷、高质量的外延材料生长技术，完成高质量、大尺寸 SiC 衬底的制备。在自旋电子学材料方面，实现磁电子材料，如 GMR 和 MTJ 材料的高品质制备技术，以满足器件制备的要求。在激光晶体及非线性光学晶体材料方面，进行大尺寸晶体生长的界面及动力学研究，发展计算机模拟技术，实现晶体界面形状的稳定控制。在传感材料方面，实现特种光纤的传感技术及加工制备；研究实现光纤传感敏感材料关键制备技术及其成膜技术。在稀土功能材料方面，完成高磁能积、高矫顽力稀土钕铁硼永磁材料工程化制备技术，满足电动汽车发电机的应用要求。

至2035年前后，在微电子材料方面，实现450 mm硅材料、应变硅及超薄SOI的工程化。在半导体照明材料方面，实现稳定高效的荧光粉、高纯MO源的制备技术；完成高亮度、大功率LED封装及智能化集成技术。在自旋电子学材料方面，完成磁电子器件的集成设计、性能仿真以及工艺验证等。在激光晶体及非线性光学晶体材料方面，研究大尺寸晶体的生长机制，解决晶体生长溶质的快速输运技术。在传感材料方面，完成新型光纤微加工及工程应用技术；实现核心器件的设计与制备，如特种光源与信号解调器件。在稀土功能材料方面，实现高磁能积稀土粘结磁粉及磁体稳定制备技术及专用装备；实现新型照明、显示用稀土发光材料技术及制备工艺，使其工程化、批量化。

至2050年前后，在微电子材料方面，实现新型沟道材料、高K栅介质及栅极材料的工程化；完成50～200 mm无微管缺陷的SiC工程化技术。在半导体照明材料方面，实现生产型MOCVD设备的制造及部件加工；实现光学设计、高效控制、散热和驱动等应用集成。在自旋电子学材料方面，提高磁电子芯片的加工及其与半导体电路集成技术，提高工艺兼容性；保证工艺的重复性、均匀性，以及产品成品率。在激光晶体及非线性光学晶体材料方面，研究晶体功能性质与晶体缺陷形成机制间的关系以及在大尺寸晶体中热应力的产生机制及分布规律；实现晶体生长设备、多温区熔盐法生长设备的设计与制造。在传感材料方面，实现应用集成技术，如传感系统设计、信号控制与耦合、传感网络建设等；研究宽范围、高精度、低检测下线的有机传感材料及制备技术等。在稀土功能材料方面，完成前瞻性稀土功能材料的制备技术，如稀土超磁致伸缩材料、稀土晶体材料等新功能材料和应用器件。

信息材料创新设计路线如图5.3所示。

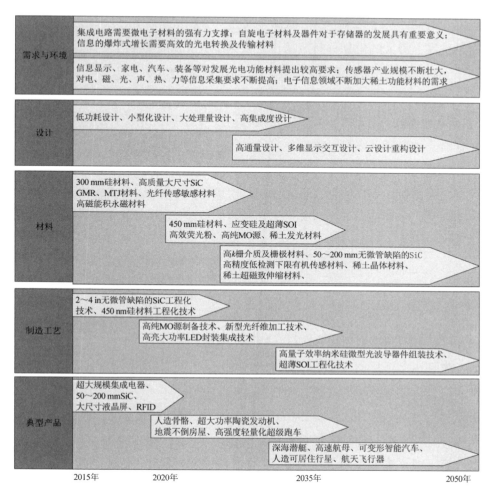

图 5.3 信息材料创新设计路线

5.3 生物医用材料创新设计路线图

5.3.1 现状及态势分析

生物医用材料是用于诊断、治疗、修复或替换人体组织或器官或增进其功能，保障人类健康的一类高技术新材料。随着人口老龄化、中青年创伤增加以及新技术注入，生物医用材料市场一直高速增长。目前，全球生物医药产业呈现集聚发展态势，主要集中分布在美国、日本、印度、中国、欧洲等国家和地区。其中，美、日、欧洲等发达国家和地区占据主导地位。北美目前是世界上最大的生物材料市场，并将保持一个较高的复合年增长率，但亚洲作为新兴市场，将会不断增长直至逐渐超越北美市场[15]。

生物材料产业可以从材料类型和市场应用两方面划分。按材料类型可分为金属、陶瓷、聚合物和天然生物材料，按市场应用分可分为整形外科、心血管科、神经科、牙科、整形外科、眼科、药物输送系统等。生物医用材料中外科消耗品及器械属于终端产品，如人工关节、人工骨、脊柱融合等矫形外科植入器械。外科医疗设备和器械中，导管、支架、心瓣膜、静脉及血液给药器具、手术刀、皮肤掩膜、手术缝线等也属生物医用材料。齿科消耗品如陶瓷、树脂、金属义齿、牙种植体、根管充填剂等，以及临床诊断试剂如核磁显影的显影剂等，亦属生物医用材料。到 2017 年，全球生物材料市场份额将达 884 亿美元。目前，心血管科占全球生物材料市场份额的第一，其次是骨科，整形外科和创伤愈合科有着良好的发展前景。从材料类型而言，可生物降解材料和高生物相容性材料则是未来的发展趋势。

生物医学材料的应用虽已取得极大成功，材料生物相容性已达到相当水平。当代医学对于组织及器官的修复，已向再生和重建人体组织或器官，或恢复和增进其生物功能、个性化和微创治疗等方向发展。赋予材料生物结构和生物功能，充分调动人体自我康复的能力，再生和重建被损坏的人体组织或器官，或恢复和增进其生物功能，实现被损坏的组织或器官的永久康复，已成为当代生物医学材料的发展方向。其主要前沿领域集中于：组织工程；组织诱导性生物材料，或新一代生物医学材料，即可通过材料自身优化设计，而不是外加生长因子或活体细胞，刺激细胞沿特定组织细胞系分化，形成特定组织的材料；用于治疗难治愈疾病、恢复和增进组织或器官生物功能的药物和生物活性物质（疫苗、蛋白、基因等）靶向控释载体和系统等。此外，用于疾病早期诊断的分子影像剂或分子探针，植入式生物芯片、计算机模拟仿生设计及快速成型制造等亦是研究的热点。

虽然生物医学材料前沿研究已取得重大进展，但是由于技术及其他原因，传统材料至少仍将是未来 20 ～ 30 年内生物医学工程产业的基础和临床应用的主要材料。传统生物医学材料生物学性能的改进和提高，亦是当代生物材料发展的另一个重点。生物医学材料植入体内与机体发生的反应，首先是材料表面 / 界面对体内蛋白的吸附。传统材料的主要问题是对蛋白的随机吸附，包括对蜕变蛋白的吸附，从而导致炎症、异体反应、植入失效。控制材料表面 / 界面对蛋白的吸附，是控制和引导其生物学反应、避免异体反应的关键。因此，深入研究生物材料的表面 / 界面，发展表面改性技术及表面改性植入器械，是现阶段改进和提高传统材料的主要途径，也是发展新一代生物医学材料的基础。

生物仿生是发展具有生物结构和生物功能的生物材料的最佳途径。从材料科学角度，人体组织可视为纳米复合材料、纳米生物材料及其生物学效应，也是生物医学材料研发的新方向和热点。

虽然生物医学材料科学与产业前沿研究与发展仅起步不到 20 年，但是目前已处于实现重大突破的边缘——设计和制造人体组织，进一步将是设计和制造整个人体器官。预计 2030 年在组织工程及再生医学的引导下，生物材料科学与产业将发生革命性变化：具有生物功能的生物材料和植入器械新兴产业将形成，其中，一个为再生医学生产可诱导组织再生的生物材料新产业将成为生物材料产业的主体；同时，在其引导下，具有生物功能的表面改性的常规材料和植入器械将替代目前主要的常规材料和器械，成为新兴产业的另一个重要部分。两者可能促使世界高技术生物材料市场增长至约 8,000亿～ 10,000 亿美元。与此对应，带动相关产业产生的间接经济效益可达 2.5万亿～ 3 万亿美元[16]。

近十几年，我国生物医学材料科学与工程的研究取得了举世瞩目的进展。一个包括 200 余个单位、数千人的生物医学材料科学与工程创新团队和体系已初步形成。我国生物材料科学已从分散、低水平、重复研究逐步集中于学科发展的方向和前沿；从跟踪模仿发展到原始创新。我国学者对于生物材料骨诱导作用的发现和研究，"导致划时代的用于组织再生的骨诱导生物材料的到来"。提出的"维持血液凝血系统核心蛋白构象不变"的生物材料抗凝血新观点，用于钛合金表面改性，得到了抗凝血性远优于市售抗凝血性最好的各向同性碳涂层的 Ti-O 膜涂层，并开始用于血管支架及人工心瓣膜；用于高分子表面改性，研发出了小口径人造血管并正在临床试验中。装配出的纳米羟基磷灰石在胶原纤维上周期排列的类骨矿化纤维，"第一次给出了直接支持传统的胶原矿化理论的实验室证据，为功能仿生材料的设计提供了新思路"。

目前，我国生物医用材料科学与工程的研究几乎已覆盖其绝大部分领域。组织工程、纳米生物材料、血管支架，天然高分子等方面的研究也处于或接近国际先进水平。国际生物材料科学与工程学会联合会（International Union of Societies for Biomaterials Science and Engineering, IUSBSE）前主席 A. F. Von Recum 教授评价："近年来中国生物材料科学与工程极为成功地登上了国际舞台。"[17]

与此对应，我国医疗器械产业持续保持高增长，产品已由过去的低端产品为主，发展到以中、低端产品为主，兼有高端产品的技术结构，高技术产品主要依靠进口的局面已有一些改善。与此同时，一些技术中端的产品如人工关节、血管支架等已开始出口。但总的说来，我国生物材料产业的发展滞后于科学与工程的研发，不仅产业规模小，供不应求，而且研发成果工程化水平低，与发达国家相比，产业滞后约 10 ~ 15 年。但是我国人口众多，潜在市场巨大，随着国民经济的持续发展，人民生活水平的提高，我国医疗器械、生物医学材料产业将继续高速增长，并将成长为国民经济的一个新的增长点。

5.3.2 创新发展路径

5.3.2.1 未来需求与环境

随着经济发展和生活水平日益提高，人们对自身的医疗康复日益重视。另外，人类正在面临由于人口老龄化和生活方式改变所带来的健康和疾病问题的挑战，慢性非传染性疾病已经取代传染性疾病成为人类健康的最大威胁，现代医学由此积极地向再生和重建被损坏的人体组织和器官、恢复和增进人体生理功能、个性化和微创治疗等方向发展。上述情况大大地激发了人类社会对生物材料的需求。但是我国作为世界人口最多的老龄化国家，目前生物医用材料的销售额不到世界市场的 3%，人均消耗不到美国的 1% [18]。因此，需要大量性能优异的生物医用材料以供临床诊治之需，如组织和器官的修复与替代材料、血液相容材料、癌症早期预测用材料、药物控释和靶向材料等。

5.3.2.2 设计

人们将致力于设计能够全面满足高新技术、生命与健康等人本环境需求的具有生物功能的植入器械、类人机器人、人工器官等；其中，涉及的设计技术包括安全设计、靶向治疗、个性设计和定制设计。

5.3.2.3 重点发展材料

未来，生物医用材料以慢性非传染性疾病治疗、肿瘤和艾滋病的治疗为大趋势。

2015—2020 年，主要发展方向有：聚酰胺类手术缝合线材料、环保医疗插管材料、聚多糖类材料、抗原抗体/诊断酶等试剂材料、超顺磁性 Fe_3O_4 基 T1 磁共振造影剂、骨替代及修复材料；钴基和镍钛合金等血管支架材料、生物植入器件及材料、血液净化材料、镍钛形状记忆合金、HA 涂层和功能梯度涂层。

2021—2035 年，主要发展方向有：非骨组织（神经、血管、肌腱、韧带等）诱导性生物材料和植入器械、植入性生物传感器和芯片、分子影像显影剂、可降解合金材料、药物控释载体、组织工程材料。

2036—2050 年，主要发展方向有：组织诱导生物材料、纳米生物活性材料、生物记忆材料。

5.3.2.4 制造工艺与装备

2015 年至 2020 年用到的生物材料制备工艺和技术有：天然高分子材料改性技术、生物材料表面装饰技术、微弧氧化技术、心脑血管植入及介入器械制造技术、矫形外科植入器械及纤维集束模压成型、人工心瓣膜等生物人工器官的工程化制备技术、用于特殊毒物和病毒的血液净化的配套装置、诱导性生物材料植入器械及其工程化技术、组织工程化生物人工肝等植入性人工器官的设计及装配。2021 年至 2035 年用到的生物材料制备工艺和技术有：生物矿化技术、3D 打印个性化修复技术、个性化计算机仿生设计、快速成型植入器械的生物制造技术和设备、植入性智能化假肢的设计及其制备技术。2036 年至 2050 年用到的生物材料制备工艺和技术有：软纳米技术、三维空间构象技术、生物材料表面装饰技术、衰老坏死细胞修复技术、生理条件下人体组织和器官的装配、基因更改工程化技术。生物医用材料创新设计路线如图 5.4 所示。

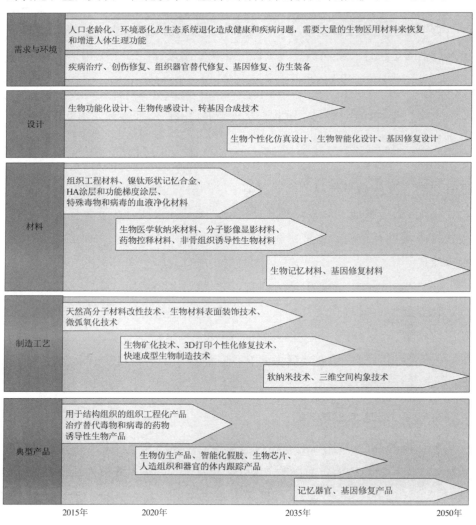

图 5.4　生物医用材料创新设计路线

5.4 能源与环境材料创新设计路线图

5.4.1 现状及态势分析

随着我国能源需求迅速增长，日益严重的供需和环境问题已成为制约经济和社会发展的瓶颈。因此，有必要建立清洁、充足、经济、安全和可持续发展的能源体系，主要涉及能源转换和储存、节能和新能源材料等。发展新能源材料以推动新能源及节能环保产业发展，是保障资源、环境与经济社会协调发展的迫切要求。随着先进材料研究的进展，新能源产业向着提高能效、降低成本、节约资源和环境友好的方向发展，而新能源产业的日益成熟和广泛应用又对先进材料研发提出了更高的要求。

21 世纪核电技术发展的基本路线是从第三代核电发展到第四代先进核能系统再到聚变堆。从技术上讲，第四代先进核能系统和聚变堆还处于概念设计和工程示范阶段，2030 年前无法实现商用，尽管材料技术应先行研发，但在未来一段时间还不涉及材料产业化问题。未来 10 年里，我国核能材料的产业化问题将主要集中在第三代大型先进压水堆核电站，包括压力容器大锻件材料、主管道材料、蒸汽发生器传热管材料、堆内构件材料、核主泵材料、焊接材料及技术、核燃料包壳材料以及核电站材料腐蚀等。核反应堆中，目前普遍使用锆合金作为燃料元件包壳材料。美国、法国和俄罗斯等国家开发了新型 Zr-Nb 系合金，与传统 Zr-Sn 合金相比，Zr-Nb 系合金具有抗吸氢能力强，耐腐蚀性能、高温性能及加工性能好等特性，能满足 60 GW（d/tU）甚至更高燃耗的要求，并可延长换料周期。这些新型锆合金已在新一代压水堆电站中获得广泛应用[20]。我国核级锆合金加工材生产还没有形成完整的工业体系，与国外先进水平相比仍存在较大差距。

光伏产业的主要物质基础是半导体材料及相关光伏组件封装材料，发展低成本高性能的光伏材料、推动光伏材料的大规模制造与应用已经成为光伏产业的重点。随着原材料价格下降、光伏材料与制造技术的日益进步和全球光伏市场规模不断扩大，已为光伏发电实现平价上网提供了产业和技术基础。目前第一代太阳电池以晶硅为材料，成本高，目前商业化组件效率最高超过了 20%，而且正进一步向高效率和薄片化发展。同时随着技术进步和制造规模的扩大，第一代太阳电池成本正迅速下滑。第二代半导体薄膜太阳电池的实验室转化效率最高为 20%，商业化组件效率为 8%～12%，成本较第一代太阳电池低并还在继续下降中，未来将继续向高效率、稳定和长寿命方向发展。第三代新概念太阳电池转换效率可达 35% 以上，在未来 10 年有望取得突破，使其电价可与传统能源相比拟。

近年在全球范围内，太阳能热发电的浪潮正在兴起。太阳能热发电是指以大规模采光镜面阵列采集太阳热能，通过集热和换热装置提供蒸汽带动汽轮机发电的发电技术。目前太阳能热发电方式主要有槽式、塔式、碟式、Fresnel 式、太阳能烟囱以及太阳池发电等 6 种，其中技术比较成熟是槽式、塔式和碟式发电。目前，太阳能热发电成本价格为每千瓦时 0.2 欧元，到 2020 年有望降低到为每千瓦时 0.05 欧元[19]。太阳能热发电的关键部件和材料包括聚光、集热和储热系统和材料。我国太阳能热发电技术研究起步较晚，目前，大规模发电技术已有所突破，部分关键器件已产业化。

高性能电池材料技术是支撑新能源、新材料等战略性新兴产业的基础技术之一，是世界各国竞相抢占的战略制高点，美国能源部投资 1.2 亿美元成立储能联合研究中心，联合 5 个国家实验室、5 所大学和 4 家私营企业的研发力量来实现电池性能方面的革命性进步，而日本则将储能电池作为战略性产业加以扶持。随着可再生能源发电的快速发展，对大规模储能技术提出了更高要求，出现了以钠硫电池和全钒液流电池为代表的针对大规模储能应用而开发的电池。随着便携电子产品的发展，出现了镍氢电池和锂离子电池，目前这种电池的产业发展已相对成熟。随着当前电动汽车的发展，锂离子电池在材料和制造工艺上有了很大的发展。这也促进了锂离子电池技术的进步，为大规模储能应用奠定了坚实的技术基础和产业基础。此外，为满足电动汽车未来发展需求而开发的锂硫电池和锂空气电池，也有可能成为未来大规模储能应用中潜在的或备选的技术。锂离子电池的研究是新能源材料技术方面突破点最多的领域之一，在产业化工作方面也做得最好，其成本和性能与电极材料密切相关，主要研究热点是开发研究适用于高性能锂离子电池的新材料、新设计和新技术。锂离子电池在材料方面需要解决的问题有：高比容量富锂氧化物正极材料、锂镍锰尖晶石正极材料，高比容量合金／碳复合负极材料、硬碳负极材料、软碳负极材料，高比功率磷酸铁锂正极材料、高比功率纳米钛酸锂镍负极材料，以及新型锂盐和聚合物电解质、氟化有机溶剂、耐高温电池隔膜等。

根据美国、欧盟等氢能愿景图显示，氢能技术将在 2030 年以后实现大规模应用，在 2030 年以前的应用领域将主要集中于燃料电池汽车商业化示范、小型分布式固定发电、便携式移动电源和军工等领域。氢能技术的两大支柱是车用燃料电池技术、氢的移动储存／产生技术。

近十几年来，质子膜燃料电池（proton exchange menbrane fuel cell, PEMFC）用于交通运输车辆的研究异常活跃，大量的示范运行表明，燃料电池汽车从性能上看已能够满足车辆的需求。我国储氢材料的研究基本保持与国际同步，在高容量储氢材料研究及储氢系统研究方面形成了自己的特色，具有较强的竞争力；在上海世博会上，有 196 辆燃料电池车在园区服务；我国燃料电池企业生产的 MEA、燃料电池叉车、燃料电池自行车等已实现对美国、欧洲等发达国家和地区的出口，我国燃料电池企业已具备一定的技术积累和国际竞争力。

非晶软磁合金材料是采用冶金最短流程绿色制造技术，并与配电变压器节能绿色应用相结合的新一代"双绿色"高效节能材料。与传统的硅钢软磁带材相比，非晶合金带材不仅在制造过程节能约 80%，而且替代硅钢材料用于电力配电变压器可降低空载损耗 70%。国内单位在非晶软磁合金带材的基础研究、材料体系开发、工艺装备与配套技术开发，以及工程化应用技术开发等方面，通过自主创新，获得 50 多项专利、近 200 项具有自主知识产权的技术成果。我国是世界上第三个掌握万吨级非晶带材工业化生产技术的国家，为我国更大规模地发展和应用非晶合金材料奠定了基础。目前国内企业所掌握的非晶配电变压器制造技术，主要基于进口非晶带材，并不完全适应国产非晶带材的特点，不能直接利用国产非晶带材来设计制造非晶配电变压器。因此，基于国产非晶带材，开发形成并构筑国产非晶配电变压器产业链的整体工程化生产技术，建立应用开发支撑平台，是推动国产非晶配电变压器产业发展的核心环节。

建筑节能镀膜玻璃主要分为阳光控制节能镀膜玻璃和低辐射节能镀膜玻璃两大类。近年来，以低辐射镀膜玻璃为代表的建筑节能玻璃产品发展迅猛，我国是目前世界上平板玻璃生产第一大国。但是，国外公司在低辐射和阳光控制镀膜玻璃方面相继在中国申请了几十项专利，由于其技术保护和产品采用垄断价格，限制了我国节能玻璃的发展。我国具有低辐射和阳光控制功能的节能建筑镀膜玻璃产量远远不能满足我国建筑节能的需要。目前，我国的建筑节能玻璃市场尚处于起步阶段，市场用量和产品质量都处于上升期，产业发展潜力巨大。

5.4.2　创新发展路径

5.4.2.1　未来需求与环境

能源是国家和地区经济社会发展的基本物质保障，是经济资源，更是战略资源和政治资源。当前世界能源发展进入了新一轮的战略和结构调整期，化石能源的高效清洁利用技术将得到大力发展、能源勘探与开采技术将不断推陈出新，可再生能源与新能源技术将持续被突破，输配电网将大幅提高可再生能源规模化接入能力，并更加注重其安全、高效。面向未来，中国必须把握世界能源正处于化石能源与可再生能源等新能源交替更迭时期的机遇，满足现代能源"安全、高效、低碳、可持续"的要求，努力使多种能源互补并且与系统融合，使生态环境保护与能源协调发展，这将对我国的能源材料发展提出更迫切的需求。

就环境问题而言，从全球层次上分析，环境总体状况在恶化，环境问题地区分布失衡加剧。比如，亚太地区城市空气污染、淡水资源急剧缩减、生态系统退化、废弃物增加；拉丁美洲及加勒比海地区生物多样性丧失、海洋污染以及气候恶化；两极地区存在臭氧层空洞加剧、温度升高引起冰川融化等问题。而在中国，随着连续几十年的经济高速度发展，生态系统的退化以及环境质量的下降已是一个十分突出的问题，这显然不能达到中国全面建设小康社会的目标。未来，我国的经济增长和产业结构转变将遇到更为严峻的环境挑战。首先，快速的经济增长将导致生活、生产污染叠加，各种新旧污染物交织，水、气、土复合污染问题凸显；其次，在社会消费转型过程当中，电子废物、机动车尾气、有害建筑材料和化学品等各类新的污染呈迅速上升的趋势。如近年来，国内雾霾天气频发，PM2.5 超标，已影响了国民身心健康，我国大气污染造成的损失已经占到 GDP 的 3% ～ 7%。如何从环境问题方面出发，对环境材料的开发提出了比较现实的要求。

未来，面对能源问题，材料科技需要发展能量存储转换材料和能源装备材料，提高材料性能以实现节能，减少材料生产中对能源的消耗。面对资源问题，需要减少材料对资源的消耗，寻找新的材料体系和类别。面对环境问题，需要减少材料生产过程对环境的污染，发展环境友好材料和材料循环利用技术，发展治理环境用的新材料。

5.4.2.2　设计

根据需求，人们将依靠信息知识大数据库和人的创造力，实现金属、非金属、生物质等物质资源清洁、高效、循环持续利用，设计出以水力、风力、太阳能、生物质、海洋能、地热等分布式可再生能源和核能为主的清洁可持续能源体系。此外，生态环境和全球气候变化备受关注，保护修复生产环境、绿色低碳、可持续发展成为设计师的基本伦理和设计的基本原则。

5.4.2.3　重点发展材料

根据未来需求和设计需求，重点发展以下材料：

2015—2020 年，重点发展高转换率的太阳能材料、新一代仿生结构用的风能轻质高强叶片材料，高能量密度、高循环寿命的锂电池材料，液流电池材料，高效的储能材料。以及能源装备的关键结构材料及加工技术使其能满足实际需求，实现全面自主供应，并在洁净能源相关材料技术方面取得一系列突破，成为世界最大风能装备制造国。

2021—2035 年，重点发展环保树脂涂料材料、海水淡化膜分离材料、高效热电转换材料、催化燃烧材料、超导永磁材料。具有新型电极的超级电容材料、生物燃料电池材料、氢燃料电池材料、核聚变反应材料。以水性涂料为代表的环保涂料在涂料中的比重超过 75%；超过 70% 的城市污水得到处理和循环使用。

2036—2050 年，重点发展高强度轻质材料等交通运输中的低能耗材料、绿色建筑材料、仿生材料、天然及人工合成生物可降解材料等。化石能源消费占总能源消耗比重下降到 60% 以下；可再生能源成为主导能源之一，由以碳基能源为主转变为以氢基能源为主；中国全面完成产业化结构调整，工业能耗降至 50% 以下。水性环保涂料达到 90%，生物降解塑料应用占塑料的 10%，实现城市污水处理率和废物处理率、工业废水和废物处理率达到 100%。

5.4.2.4 制造工艺与装备

结合材料创新设计需求和应用创新设计需求，针对重点发展的能源与环境材料，持续开展能源与环境材料的工艺创新设计，涉及的材料制备工艺及技术有：反应挤出聚合、微波辐射熔融缩聚、扩链聚合、生物聚合、粘接技术、一体化成型技术、低温烧结技术、等离子智能加工技术、废弃物再生技术等。

重点突破以下制造工艺与装备技术：

至 2020 年前后，重点发展能源装备关键结构材料及加工技术；突破风力发电的瓶颈，发展适用于风力发电装备的轻质合金和复合材料研制技术，提高耐腐蚀结构材料和涂料以及高性能轴承与润滑剂材料的研制技术，为风能发电实现高效稳定可持续提供了一个有效途径，实现了风力发电概念上的创新。

至 2035 年前后，重点发展新型能源转换储存技术，突破核能源安全适用发展的瓶颈，开发新型水污染治理及海水淡化材料机理，大力发展可降解材料改性技术。

至 2050 年前后，推广环保建筑材料研制及应用技术，突破太阳能高效能转换储存材料及装备制造技术，大力发展仿生材料及天然可降解材料应用技术。

能源与环境材料创新设计路线如图 5.5 所示。

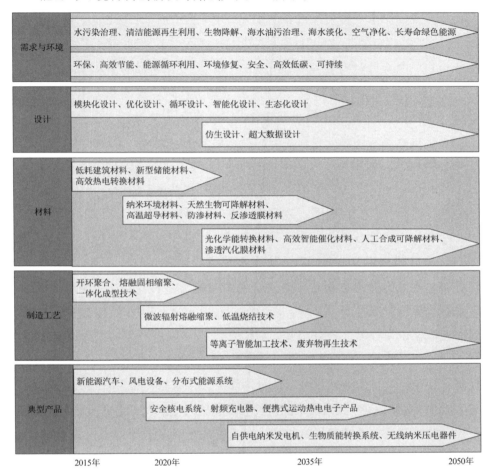

图 5.5　能源与环境材料创新设计路线

5.5　碳材料及其复合材料创新设计路线图

5.5.1　现状及态势分析

碳材料在人类发展史上占据着十分重要的位置，经历了第一代（木炭）、第二代（烧结型炭材料、人造石墨）、第三代（金刚石、卡宾、碳纤维、膨胀石墨、碳 / 碳复合材料等）后，目前进入了第四代新型碳材料（富勒烯、碳纳米管、石墨烯、碳纳米洋葱、碳气凝胶等）时代。碳材料以其优异的性能在机械工业（轴承、密封元件、制动元件等）、电子工业（电极、电波屏蔽、电子元件等）、电器工业（电刷、集电体、触点等）、航空航天（结构材料、绝热材料、耐烧蚀材料等）、核能工业（反射材料、屏蔽材料等）、冶金工业（发热元件、坩埚、模具等）、化学工业（化工设备、过滤器等）、体育器材（球杆、球拍、自行车等）等领域得到了广泛的应用。

美、日等发达国家一直对于碳材料的研究十分重视。美国将碳材料定为战略材料之一，利用其巨大的国防费用和航天费用，积极进行研究与开发。日本最近几十年来率先在低温气相生长金刚石和纳米碳管等方面取得了突破性进展。目前，日本在金刚石薄膜作为电子材料和零磨损、无油润滑材料及碳合金材料方面进行重点研究。我国碳材料的研究水平从整体上来说落后于美国、日本和欧盟等工业国家，但在某些重要领域如 C/C 复合材料、活性碳纤维、柔性石墨等方面差距不大。高性能碳纤维复合材料是交通、能源、工业制造等国民经济重大工程，以及国防建设重大专项的关键材料和技术发展的瓶颈，也是战略性新兴产业的增长点之一，不仅广泛应用于航空航天军事工业，而且在民用领域如汽车工业、能源、船舶、海洋工程、采矿、电力装备、建筑、大型工业输送带、体育用品、医用材料等也存在巨大的应用空间。近 20 年来，高性能碳纤维复合材料的研究与应用受到各工业强国的高度重视，美国、日本及欧盟均将其列入国家优先重点发展计划，其研究深度和应用广度，以及生产发展的速度和规模，已成为衡量一个国家科学技术先进水平的重要标志之一。目前，我国能源、资源、环境、制造和交通等国民经济支柱产业对高性能碳纤维复合材料的需求迫切。然而，我国现阶段的碳纤维复合材料产业尚不能满足国民经济快速、健康、持续发展的需求，有效地解决我国高性能纤维复合材料所面临的共性问题，将是一项重要而长期的战略任务。

金刚石是自然界存在的特殊材料之一，除了具有超硬特性以外，还具有最高的热导率、优良的光学性能、极佳的半导体性能以高的化学稳定性，能够应用于光学、声学、热学、电学等诸多领域。随着金刚石合成技术的不断突破，将大大地推动材料的发展和提高制造业水平。金刚石复合材料在产业中的应用方向主要分为高导热复合材料以及金刚石工具。目前全球金刚石工具市场的容量在 350 亿美元左右，且每年以 15%～20% 的复合增长率实现稳定增长，加上世界金刚石工具行业向我国产业转移的进程加快，专业用金刚石高端产品的需求也呈上升趋势。高导热复合材料市场容量在 200 亿美元左右，且每年以 10%～15% 的复合增长率实现稳定增长，加上大功率电子器件的迅猛发展，相关行业向我国产业转移的进程加快，专业用高导热热沉产品的需求也呈上升趋势。现阶段，中国金刚石工具企业主要生产：金刚石锯片、金刚石钻头、金刚石磨盘和金刚石刀具等几类产品。其中，金刚石锯片是我国金刚石工具企业产量最大的品种。

基于 DLC 涂层材料的结构具有可控及高硬度、低摩擦系数、化学惰性好等性能优异特点，以及低温制备技术优势，其在高端装备、工模具、航空航天、汽车、微机电、纺织、生物医学、卫浴五金等领域具有广阔的应用前景。目前国际上已经有十余家公司能够提供工艺成熟、技术稳定的 DLC 涂层沉积设备，并已将最先进的技术和服务模式搬到中国，先后建立了涂层加工中心，并配套出售各种镀膜系统。然而，受核心技术的出口封锁和限制，尤其是高端关键部件的涂层工艺技术基本掌握在德国、日本、瑞士等多个国家。国内大部分镀膜装备生产厂家，主要偏重于镀膜机本身的生产加工，但普遍缺乏对涂层技术和应用环境的深入了解，配套工艺和涂层性能工艺研究跟不上，涂层开发技术与装备在批量化生产上存在较大差距。相关研究所和高校虽开发了一些先进镀膜工艺，促进了各种镀膜技术的发展，但缺乏相关成熟配套镀膜设备—涂层材料工艺—涂覆部件性能的一体化研究和开发能力。总体说来，国内 DLC 涂层技术、沉积装备及应用技术与国际先进水平相差较大，其大规模应用还未实现。

近年来，以富勒烯、纳米碳管和石墨烯为代表的纳米碳材料受到各界的广泛重视。这些新型碳材料表现出优异的性能和良好的应用前景。比如，石墨烯具有超薄、超轻、超高强度、超强导电性、优异的室温导热和透光性，在超级电容器、透明电极、锂离子电池、传感器、功能涂料和聚合物纳米复合材料等方面具有广阔的应用前景，已经成为不可忽视的重点领域。比如，它可替代和解决传统锂电池充电速度慢、蓄电能力差、寿命短、污染等弊端，使新能源电动汽车蓬勃发展。再比如可以替代硅，制造未来新一代超级计算机；替代 ITO 透明导电薄膜，应用于触摸屏、柔性显示、太阳能电池等电子工业领域。

新型碳材料尽管市场应用前景很广，但离大规模应用还有一段距离，还存在很多需要解决的关键技术问题。比如石墨烯微片亟待突破成本控制和大规模稳定生产、分散技术与分散工艺等问题。碳纳米管在制备中还不能做到结构任意调节和控制，没有高效纯化碳纳米管的方法，很难实现高质量连续批量工业化生产。在碳纤维及其复合材料方面由于一味模仿进口碳纤维产品型号，造成核心科学问题与关键工程技术未吃透，缺乏高度连续自动化生产技术及成套自动化装备技术。总体上看，我国碳材料研发仍然以科研机构为主体，基础研究、技术攻关、中试生产、工业化生产和应用开发之间衔接不紧密，导致整体行业发展缓慢。因此，在加强基础前沿研究的同时，也要注重加强产业化应用开发，一方面是加强碳材料本身的大规模制备技术研发；另一方面是促进下游新产品开发，才能真正推动碳材料走向市场。

正如学者所言，19 世纪是铁器的时代，20 世纪是硅的时代，21 世纪是碳的时代。面对碳材料发展的重要机遇，需要尽快建立生产到应用的产业链，加强企业与科研机构间的知识产权合作，逐步完善知识产权保护与标准规范，掌握未来科技竞争的制高点。

5.5.2 创新发展路径

5.5.2.1 未来需求与环境

为维护国家安全，国防军工和核工业领域的发展对新材料提出更高、更苛刻的要求，促使结构材料向着性能极限、结构与多功能一体化、耐苛刻环境和极端条件等方向发展。同时，民用航天、航空事业的发展也不断对材料研究提出新的要求，需要轻质高强度、高温耐蚀的新型材料。另外，为了应对能源问题和挑战，风力发电、汽车工业和交通运输领域也需要向轻量化发展，这对材料提出了高强度和轻量化的要求。信息和电子领域向超大容量信息传输、超快实时信息处理以及微型化方向发展，需要继硅基材料后发展新一代的信息基础材料，进而在超高频集成电路、大面积柔性显示屏、太阳电池、光调制器等方面应用。在一些电子设备中，例如手机，由于工程师们正在设法将越来越多的信息填充在信号中，所以手机使用的频率越来越高，然而手机的工作频率越高，热量也越高，这就需要发展高导电、高导热的材料来替代目前的材料。

为应对国防军工、航空航天领域对材料提出的要求，未来应发展具有结构功能多样化和具有可设计性的碳材料，包括以金刚石以及高性能碳纤维为代表的超级结构增强材料，以大尺寸、高纯度、各向同性为代表的核石墨，以高强度、高韧性、高抗氧化、耐烧蚀性为代表的超高温结构材料——碳／碳复合材料，以高强度、高导热为代表的碳基复合材料。为促进信息通信、新能源等领域的发展，未来应大力发展石墨烯、碳纳米管、金刚石和富勒烯等碳基纳米材料。

5.5.2.2 设计

根据需求，海洋深潜及航空航天等成为国防关键和战略制高点。因此，将注重轻质化高温构件设计；多功能、智能复合材料构件设计，新型复合材料创新设计与应用；SWNT 小规模逻辑电路设计，碳基纳米光电集成电路设计，碳基纳米电池设计；单晶金刚石、石墨烯为主功能的芯片设计，全纳米碳基智能电路系统芯片设计。

5.5.2.3 重点发展材料

根据未来需求和设计需求，重点发展以下材料：

2015—2020 年，重点发展碳纤维复合材料、基于碳基纳米材料及光电功能的芯片、可弯曲石墨烯触屏，成功研制大尺寸碳纳米管构件，发展用于光电传感与电子器件的单晶金刚石材料。

2021—2035 年，国产碳纤维占据国际市场较大份额，研究非 PAN 基低成本无污染碳纤维，发展可控碳纤维复合材料，量产并应用高性能低成本碳／碳复合材料，量产基于碳基纳米材料的电池和全纳米碳基智能电路系统芯片，碳纳米材料传感器、药物、诊断芯片等实现产品化，低成本海水淡化石墨烯薄膜和大尺寸碳纳米管构件大量应用。

2036—2050 年，中国碳纤维及其复合材料、碳基纳米材料及其复合材料的工程化水平达世界领先水平；在更多行业、领域实现新型碳基纳米材料及其复合材料元器件的量产和广泛应用。

5.5.2.4 制造工艺与装备

结合材料创新设计需求和应用创新设计需求，针对重点发展的碳材料及其复合材料，持续开展碳材料及其复合材料的工艺创新设计，重点突破以下制造工艺与装备技术：

至 2020 年，重点突破原料聚合技术、快速纺丝、复合成型、高温化学纯化、氧化烧蚀防护处理、催化石墨化技术、差异化纤维混编技术和高温焙烧技术等；形成高性能碳纤维的研制和批量制备能力；建立并完善碳纤维表面处理和上浆剂或涂层体系；掌握复杂结构与大型整体化碳纤维复合材料构件的低成本制造技术，突破低成本碳／碳复合材料快速制备技术和碳／碳复合材料深度粘接修复技术，突破复杂和大体积 CMMC 制备工艺；突破碳基纳米材料稳定、可靠的批量化制备技术，突破大面积高质量的金刚石及石墨烯制备和表征技术。

至 2035 年，发展碳纤维复合材料的智能制造、太空环境制造和生物制造技术，实现多种制造环境、各个制造环节的智能化，突破碳／碳复合材料高温防氧化涂层低成本制备技术，突破基于碳基纳米材料的锂电池、燃料电池和太阳能电池等电池器件的大批量制造技术和智能柔性装备技术。

至 2050 年，普及碳纤维复合材料的智能制造技术；实现新型碳基纳米材料及其复合材料的制造制造技术和绿色制造技术，突破各种新型碳基纳米材料及其复合材料元器件的规模化制造技术和柔性制造技术。

碳材料及其复合材料创新设计路线图如图 5.6 所示。

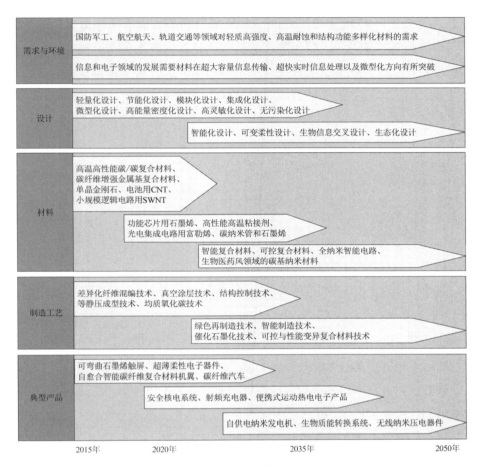

图 5.6　碳材料及其复合材料创新设计路线

5.6　超常环境材料创新设计路线图

5.6.1　现状及态势分析

超常环境材料是指在极端温度（超高温、超低温）、超高压、极端腐蚀条件、极端应力场、极端辐射等条件下服役的材料，需要材料具有适应该特殊环境的超高性能。

高温合金对国家安全和社会发展具有举足轻重的作用，是航空航天发动机及能源的生成、化学和冶金处理、石油和天然气的提炼等重要工业中需用的重要材料。自 1956 年第一炉高温合金试炼成功，我国的高温合金从无到有，从仿制到自主创新，耐温性能从低到高，先进工艺得到应用，产品质量不断提高，使我国航空、航天工业所需的高温合金材料立足于国内，也为其他工业部门的发展提供了所需的高温材料。未来的各种航空航天发动机、高功率内燃发动机、地面电站汽轮机组、石油 / 化工高温高压合成与裂解装置、核裂变 / 聚变堆等需要开发更高性能的高温合金，而高温合金的研发和生产也不断受到用户技术发展和经营模式变化的影响。航空发动机提高推重比、增加安全性和经济性，航天器速度超声速倍率的增大，车用发动机降耗减排的高增压技术等，正牵着新一代粉末高温合金、单晶高温合金以及金属间化合物等新型高温材料的发展，并使得研发与产业部门更加重视材料的工程化技术研究，以加快新材料进入工业化稳定生产的过程。

近十几年来，国内外对超高温材料的研究和应用越来越重视，美国航天局（National Aeronautics and Space Administration, NASA）和美国标准研究所（National Institute of Standards and Technology, NIST）均投入较大的经费和力量进行研究，并取得系列成果。美国、俄罗斯、日本以及欧洲各国均投入了大量的人力和物力，在材料制备和部件制作方面取得了大量成果。在美国 F-XX 型的军机和俄罗斯航空发动机上已经采用 C/C 复合材料制作航空发动机燃烧室、导向器、内锥体、尾喷管鱼鳞片和密封片及声挡板等。美国甚至已经试制了用 C/C 复合材料制造的整体涡轮盘及叶片，工作温度比一般涡轮盘高出数百度。此外，德国、俄罗斯和日本也试制了整体 C/C 涡轮叶片或涡轮盘。法国幻影 2000 飞机发动机上已采用 C/C 复合材料制作的喷油管、隔热屏等[20]。国内超高温材料的研究发展也很快，已经取得了很多成果，大多集中在材料制备工艺方面或者是抗氧化性能方面，超高温静态力学性能评价技术还是相对薄弱。

美国麻省理工学院（MIT）的研究人员正在尝试碳化硅（SiC）陶瓷基体燃料包壳材料，这种材料能把产生氢气的风险降低到几千分之一，并为核燃料提供与锆合金类似的保护。世界上其他研究机构也提出将 SiC 用于核燃料包壳，而 MIT 目前正在开展最为详细的测试和模拟，甚至在高达 1500 ℃的事故极端条件下开展测试。我国力争 2020 年核电比重达到 5%。核能发电进一步发展对材料的需求，包括快中子增殖堆中液体钠的腐蚀控制，核聚变装置的耐中子辐射、耐高温和抗氢脆等材料。

美国"三叉戟 -1""三叉戟 -2"导弹以及"飞马座"火箭采用的 HBRF-55A 配方就以 E-PON826 为主。多年来各国都在通过加入柔性单元改进环氧树脂的韧性，通过加入新型刚性链单元结构或使用茚型芳香胺固化剂来提高耐热性，并分别取得了预期的效果。新型陆基机动固体洲际导弹一、二、三级发动机壳体，新一代中程地地战术导弹发动机壳体。如美国"侏儒"小型地对地洲际弹道导弹三级发动机燃烧室壳体由 IM-7 碳纤维 /HBRF-55A 环氧树脂缠绕制作，壳体容器特性系数 PV/W ≥ 39 km；三叉戟 (D5) 第一、二级固体发动机壳体采用碳 / 环氧制作，其性能较凯芙拉 / 环氧提高 30%；"爱国者"导弹及其改进型，其发动机壳体开始采用 D6AC 钢，到 PAC-30 导弹发动机上已经采用了 T800 纤维 / 环氧复合材料。此外，由美国陆军负责开发的一种新型超高速导弹系统中的小型动能导弹 (compact kinetic energy missile, CKEM)，其壳体采用了 T1000 碳纤维 / 环氧复合材料，使发动机的质量比达到 0.82。美国的战略导弹"侏儒"三级发动机壳体，"三叉戟"一、二、三级发动机壳体的复合材料裙，民兵系列发动机的喷管扩张段，部分固体发动机及高速战术导弹，如美国的 THAAD，ERINT 等。树脂基结构复合材料在国内巡航导弹领域迎来了重大的发展契机，以下一代巡航导弹、超声速巡航导弹、高超声速巡航导弹为先锋的新型导弹武器研究工作全面启动，在耐高温、大射程、轻质化、低成本的发展需求推动下，树脂基结构复合材料在巡航导弹结构件上的发展突飞猛进，越来越多的结构部件复合材料化，复合材料应用比例的高低已成为衡量新一代巡航导弹先进水平的一个重要标尺。

美国卫星和飞行器上的天线、天线支架、太阳能电池框架和微波滤波器等均采用 C/EP 定型生产。国际通信卫星 V 上采用 C/EP 制作天线支撑结构和大型空间结构。宇航器"空中旅行者"的高增益天线次反射器和蜂窝夹层结构的内外蒙皮采用了 K-49/EP[22]。航天飞机用 Nomex 蜂窝 C/EP 复合材料制成大舱门，C/EP 尾舱结构壁板等。另外，国外以复合材料取代金属制造空间飞行器 (卫星、空间站、航天飞机等) 构件目前已获得一定程度的应用。

浮力材料实际使用时需长期浸泡在水中，要求其耐水、耐压、耐腐蚀和抗冲击。在水中的使用深度不同，对它的强度要求也不同，水深增加，材料的强度亦增加，相对密度随之加大，但浮力系数降低。尤其是在海洋中每增加 100 m 深度，物体受到的压强就将增加约 10 个大气压，即 1 MPa。因此，先进固体浮力材料应该既轻又强。美国、日本和俄罗斯等国家已经解决了水下 6000 m 用低比重浮力、材料的技术难题，并已形成系列标准。客户可以选用标准部件，也可根据需要提出要求，由公司的专业人员根据使用条件，设计满足耐压要求的各种复杂形状的结构件。固体浮力材料的主要制造商有：美国的 Emerson & Cuming 公司、Flo-Tec 公司， 欧洲 Flotation Technologies 公司， 英国的 CRP 集团，乌克兰国立海洋技术大学等。研制的固体浮力材料密度从 0.35 ～ 0.7 g/m³ 不等，压强度 5.5 ～ 90 个大气压不等。

国内目前研制的可加工轻质复合材料，当密度为 0.55 g/m³ 时，可耐压 50 个大气压，用于 4.5 ～ 5.0 km 水深。海洋化工研究院研制的可加工轻质复合材料已经在潜艇救生浮标、水下采矿机、潜艇拖曳天线、潜艇救生舱、潜艇信号浮标、水下机器人、海洋潜标、海底释放浮球等领域得到广泛应用。国内对于固体浮力材料的研究已开展多年，并取得了一定进展。但是，总体而言，浮力材料的密度及耐压强度仍与国外有一定的差距。

正在实施的重大科技专项和重大国防工程对关键材料的纯度和精细结构、功能性能和使用寿命提出更高要求，对资源与能源的重大需求及"透明地球"计划的实施，迫切需求对地下 4000 m 以上和海洋底部等地球深部资源进行勘察和开发，需要超高耐磨耐冲击硬质合金凿岩钻头和耐磨耐腐蚀钻具。

5.6.2　创新发展路径

5.6.2.1　未来需求与环境

为了满足人类探测、开发深空、深海、深地资源，需要研制超高性能材料制作的特殊装备。另外，在极端和工业特殊服役环境条件下，包括超高温、超低温、超高压、高场强、高辐射、高腐蚀等特殊环境下使用的材料，需要材料具有超高强度，超高的耐磨、耐腐蚀、耐辐射和抗冲击等性能，这些领域使用的材料已成为国际科技竞争的制高点。

5.6.2.2　设计

涉及的设计包括：耐超低温设计、高耐蚀性设计、结构性能关系与多尺度微观结构设计、无源集成设计技术、量子点可控、原子组装、分子设计、织构可控、仿生表面设计技术、深海专用材料的一体化设计、水下高压动密封设计、外太空防尘设计。

5.6.2.3　重点发展材料

根据未来需求，重点发展以下材料：

2015—2020 年，针对化工、核反应、海洋、外太空的环境，发展高温高压耐腐蚀的反应釜材料、超级双向不锈钢、海底钻探用孕镶式金刚石钻头材料、隔热保温高分子材料、深海新型结构材料和防护材料、钢筋混凝土结构环氧钢筋；低密度烧蚀、防热、隔热、抗冲击等功能复合材料；高氧硅/酚醛、石英/酚醛等复合材料、超高熔点抗氧化合金、核聚变反应材料。

2021—2035 年，发展减阻降噪仿生材料、中子倍增材料、超高温陶瓷复合材料、海洋金属离子富集材料、深海勘探和作业材料、高性能近零烧蚀的高温复合材料、深海超级耐压壳材料。

2036—2050 年，重点发展特种功能材料。太空仿生材料、地球内核探测材料、太空超级多功能陶瓷复合材料、深海智能形变材料、外太空防尘和超塑性功能材料等。

5.6.2.4　制造工艺与装备

主要的制造工艺有：成型与高温烧结，利用计算机辅助和特种外场作用（如激光等）实现材料的成型—烧结—加工的贯通；无源集成技术的基础上采用薄膜—厚膜—烧结技术相结合的集成制备技术实现功能器件的一体化制造。

陶瓷材料的近净尺寸成型与加工技术、陶瓷材料的化学制备与仿生制备技术、多功能陶瓷材料的集成制备技术；新的表面处理技术（包括针对树脂基体的活化相容以及针对金属和陶瓷基复合材料的钝化保护技术）进行有选择地控制纤维与基体间的复合效应。液相低压浸渍/碳化、化学气相沉积、RTM 成型、布带缠绕、浸渍/热压烧结等工艺制备高氧硅/酚醛、石英/

酚醛等重大工程用复合材料。

新型表面技术如原子层沉积（atomic layer deposition, ALD）、分子束外延 (molecular beam epitaxy, MBE)、激光改性技术等技术和装备，仿生表面（自清洁、流体减阻、防污降噪、超疏水、防冰雪抑霜等）、智能薄膜/涂层等材料表面薄膜或改性技术，以及极端尺寸零部件的表面结构成型技术及其装备、材料表面微/纳制造技术、极端表面制造、表面集成和表面协同技术、智能表面制造工艺与装备。

复杂条件下（空间、海洋、高温等多因素耦合环境）材料与部件表面自适应、自修复、自恢复等智能表面涂层/薄膜制备工艺和装备。

超常环境材料创新设计路线如图 5.7 所示。

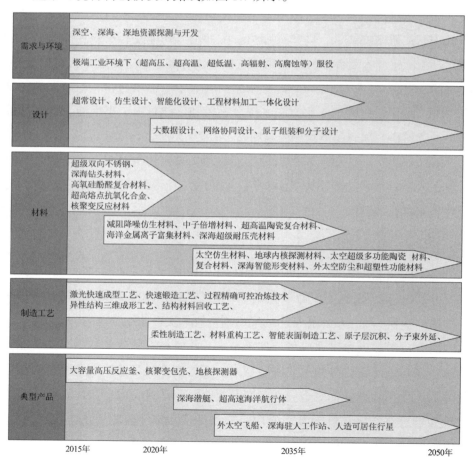

图 5.7 超常环境材料创新设计路线

5.7　海洋工程材料创新设计路线图

5.7.1　现状及态势分析

21 世纪是海洋的世纪。随着地球上陆地资源的逐渐枯竭以及人类不断拓展生存空间的要求，国际的竞争重点也已从陆地转向了海洋，海洋具有潜在的巨大经济利益和战略性的国防地位。能够适应海洋特殊环境的各种特色材料是进行海洋资源有效开发与利用的前提，从某种意义上甚至可以说，材料是开发和利用海洋资源的物质基础和保障。跨海大桥、海底隧道、海水淡化工程、深潜基地等重大的海洋工程对材料性能提出了更加严格和苛刻的要求。

海洋航行体的开发、海洋工程平台的建设、海洋工程装备设施的升级、海洋生物质的利用、海洋环境的改善等，是发展海洋经济、利用海洋资源、维护海疆安全的重要技术支撑，也是建设海洋强国的重要组成部分。蛟龙号深潜器突破 7000 米深潜大关和大型深海钻井船在南海的服役是我国装备挑战深海的重要标志，极大地提升了我国的国力。然而，在海洋温度、压力、介质等复杂耦合环境下，海洋装备和工程材料不可避免地发生腐蚀损伤、润滑失效、磨蚀失效和生物污损，这将直接影响海洋工程和装备的可靠性与服役寿命。目前，我国海洋装备水平与国外相比有近 10 年的差距，国外已开发油气田的最大水深为 2743 m，中国为 300 m，而自主开发能力仅限于 200 m 水深以内，南海荔湾为 1500 m，2013 年已投产，但关键设备全部进口。其中，海工装备用材料在深海等极端海洋环境中的腐蚀问题是制约上述材料国产化的关键瓶颈。由于材料深海腐蚀数据积累和表征方法研究的难度大，目前世界上仅有少数国家开展了深海材料的腐蚀试验，取得了宝贵的腐蚀数据。在深海实海腐蚀试验上，我国落后于美日等国 30 年，落后于印度 10 年。此外，高湿热严酷海洋大气中的腐蚀问题是制约我国海洋工程装备发展的另一瓶颈。相对于美国、欧洲、日本等发达国家和地区，我国的海洋装备和海洋用材料的设计、制造与防护等多方面都处于相对落后的水平。

已有研究表明，尚无低合金耐候钢能够在南海地区严酷海洋大气中具有令人满意的耐蚀性能。而在美国，大约高达 45% 的桥梁应用了耐候钢。例如，新河峡大桥（New River Gorge Bridge），跨度为 518m，共动用 1.9 万吨耐候钢制作，裸露使用情况良好；森特勒李亚东桥（Eastof Centralia Bridge），裸露使用 8 年，仍处于良好状态；美国芝加哥标志性建筑芝加哥市民中心（Chicago Civic Center），外层采用裸露耐候钢制作，使用情况良好。在日本，耐候钢在所有钢桥中的应用率已有 5% ~ 7% 的水平 [23]。

宝钢在充分认识添加合金元素，特别是耐候性合金元素 Cr，Mo，Cu，P 等对低合金钢耐海水腐蚀性能影响的基础上，借鉴日本耐海水腐蚀钢成分特点，综合考虑中国近海海洋环境中海水腐蚀介质的环境作用因子，通过优化调整化学成分及采用合理轧制工艺技术，成功开发出综合性能优异的 Cr-Cu-Mo 系耐海水腐蚀钢种 Q345C-NHY3。Q345C-NHY3 具有优良的力学性能、焊接性能和耐海水腐蚀性能，能够满足海洋钢结构的制造要求。

铜合金材料在海洋工程方面的应用，用量较大的为各种冷凝管、海水管道、船舶用螺旋桨。其中，冷凝管及管道材料基本以 Cu-Ni，尤以 C70600(90-10 Cu-Ni) 以其优良的技术经济性，用途最为广泛。螺旋桨材料以镍铝青铜、高锰铝青铜为主。

采用铝合金材料建造高速船舶已成为当前船舶建造领域的一个热点。尤其是我国研制的第一艘"双体穿浪艇"，其宽幅铝合金壁板的拼焊成功应用了搅拌摩擦焊技术，提升了我国的铝合金船舶制造能力。避免在大摩阻和扭矩情况下引起钻具破坏，大位移井钻井应选择使用挠性良好的轻质铝钻管。相对于铝钻管，钢钻管的挠性较差。2011 年，经国家知识产权局审查、授权，中国地质科学院勘探技术研究所承担的"国土资源大调查地质项目 / 地质岩心钻探铝合金钻杆研究"喜获两项铝合金钻杆实用新型专利。地质岩心钻探铝合金钻杆研究项目组在高性能铝合金管材研制、管材热处理工艺研究、钻杆结构设计、室内试验及野外生产试验研究过程中，克服了众多难题及技术瓶颈，取得了大量的基础性数据、积累了丰富的实践经验，累计进尺近 2000 m，最深终孔深度 960 m，开辟了我国地质钻探铝钻管在中深孔应用的先河。

由 Agip Offshore 公司和 Tecnomare 公司联合开发的一种镁包铝型复合牺

牲阳极，已经应用于海上石油钻井平台的保护。根据前期的测试结果，这种复合牺牲阳极相对于铝合金牺牲阳极可以节约 30% 的资金和重量[24]。但是高活化牺牲阳极往往需要添加部分有毒或稀有的合金元素，从环境保护和经济成本上来说并不十分可取。因此，复合牺牲阳极的研究仍是问题的突破点。

20 世纪 90 年代末，国际著名的船舶涂料公司基本上都已登录中国，并在中高端市场占据相当大的份额，例如，海上石油钻井平台和海上设施所用的重防腐涂料 100% 被 AkzoNobel，PPG，Hempel，Jotun 和日本关西等公司所占领，Jotun 公司就占有海洋工程领域 60% 的市场份额。到目前为止，我国 95% 的船舶涂料市场均为国外公司所垄断[25]。所以说，海洋涂料市场，是一个不属于中国的中国市场。

由此可见，海洋材料及应用技术与日益发展的海洋装备和海洋工程的应用要求相比，尚有较大的差距，主要表现在如下几个方面：①深海环境工程装备用的关键材料匮乏，难以满足深海探测和资源探采储运装备的应用要求。目前需求比较紧迫的材料包括深海装备用高压密封材料、海洋资源探采急需的抗磨蚀材料、深海装备结构连接部位的连接材料、深海钻井系统配套的水下防喷器及控制设备材料等；②海洋装备关键部件材料及表面强化技术不过关，难以满足长寿命、高可靠性、高性能参数海洋装备的发展要求。包括海洋自升式平台升降齿轮和齿条、船用动力机组重要部件、大型吊机关节部件、大型轴承和齿轮部件、主推进系统及轴系和前后侧推等重要部件的关键材料及表面强化和功能化技术等；③海洋平台和船舶密闭舱内用材料，难以满足密闭舱无毒、无味、无害的要求，主要缺少绿色环保的高分子材料和无毒阻燃材料等；④海洋环境治理材料奇缺，难以满足海洋漏油和赤潮等海洋环境治理的要求，需发展高效吸油和赤潮治理专用的高分子材料；⑤海洋航行体表面功能材料落后，如减阻降噪材料和技术难以满足鱼雷、潜艇和舰船等海洋军用装备的发展要求；⑥高端海洋涂料几乎被国外企业垄断。我国由于在以上几个方面长期缺乏系统研究，与国际先进水平相比，更是差距明显。可以认为，我们在海洋新材料和应用技术方面所存在的与国际先进水平的差距及与应用需求的差距，已严重制约了国家海洋装备和海洋工程技术的发展，因此，开展海洋新材料及应用技术方面系统的应用基础研究，发展具有自主知识产权并具有海洋工程应用价值的高性能海洋新材料及应用技术，解决海洋工程装备发展的核心技术问题，已迫在眉睫。

5.7.2 创新发展路径

5.7.2.1 未来需求与环境

海洋工程建设、海洋运输、海洋资源勘探、海洋军事等技术领域所需的海洋环境使用条件下的设计需求，是推进海洋材料发展的重要动力。海洋工程装备、造船、海洋钻井平台等行业对高性能海洋服役材料的需求巨大，对材料特性的需求主要表现在耐蚀、耐磨、耐生物污损、耐低温等方面。

5.7.2.2 设计

涉及的设计包括：绿色防污涂料设计、无溶剂高固重防腐涂料设计、耐超低温设计、高耐蚀性设计、水下高压动密封设计、仿生设计、智能化设计、海洋材料标准体系设计、工程材料加工一体化设计（船体（海洋工程）设计—材料设计—加工设计）。

5.7.2.3 重点发展材料

未来五十年，陆地资源越来越少，海洋资源的获取将是解决资源和消耗这对矛盾的有效途径之一。随着国家海洋战略的不断推行以及海洋丝绸之路的规划，海洋工程、船舶、深海钻探等方面的建设显得尤为重要。在这个过程中，材料是这些工程建设的重要基础。由于海洋环境的高腐蚀性，海洋用材料的设计与传统陆地用材料的设计方法和评价系统虽有共同点，但是仍存在差异。因此，根据海洋服役条件的特点，发展海洋服役环境下材料的设计准则和评价标准，开发各种海洋用高性能材料，将为国家海洋战略的推进提供有效支撑。

2015—2020 年，海洋材料领域应当明确现有材料在海洋环境中的特性及使役范围，着重建立海洋材料使用标准体系。发展几种常用而又主要依赖于国外技术的涂料及涂装工艺，九镍钢、超级双向不锈钢的应用研发和推广，特级不锈钢耐蚀紧固件、耐蚀紧固件的交美特涂层技术，碳纤维复合材料；低毒防污涂料、无溶剂高固厚膜防腐涂料，钢筋混凝土结构环氧钢筋，双相钢钢筋。

2021—2035 年，提高海洋工程设计和造船设计施工单位的水平，使得海洋材料标准体系和国内设计单位有效结合。在提高国产海洋材料水平的情况下，推进国产材料在海洋工程和造船行业中的使用率。结构材料达到跨海大桥、造船行业的设计标准，涂料对标国外产品水平。孕镶式金刚石钻头用于海底钻探、海水淡化用铜合金管道、海水淡化膜材料、隔热保温高分子材料及殷瓦钢用于 LNG 船、海底管道用功能高分子材料用于海底电缆、减阻降噪仿生材料与技术用于海洋军事、海洋用钛合金、镁合金、铝合金等。

2036—2050 年，重点发展特种功能材料，如用仿生材料、海洋金属离子富集材料等。

5.7.2.4 制造工艺与装备

传统工艺技术的改进与新技术的研发使用并进，将有利于推动海洋材料的发展。海洋中最常用的钢铁材料，可在原有生产工艺的基础上改进；钛合金主要在于提高加工成型、焊接水平；镁合金铝合金主要在于其防腐工艺的改进；海水淡化膜，国内材料的使用寿命低，需在结构设计和化学处理方面做进一步的研究；无毒防污涂料是涂料未来发展的一个重要方向，需要突破现有防污涂料毒素释放机理，在输油亲水、仿生、无毒缓蚀剂等方面进行深入研究；海洋金属离子富集材料包括铀富集、锂富集等材料，需要关注材料化学结构，结合盐场、采用电渗析等技术；仿生材料主要在于对海洋生物的研究及海洋生物表面微结构的仿制，保持结构的稳定性是仿生材料研究的重点；提高海洋工程设计和造船设计施工单位的水平，需要不断的实践经验积累及新技术吸收消化，结合各学科领域专家人员，需要国家政府层面综合、系统的布局和考虑。

海洋工程材料创新设计路线如图 5.8 所示。

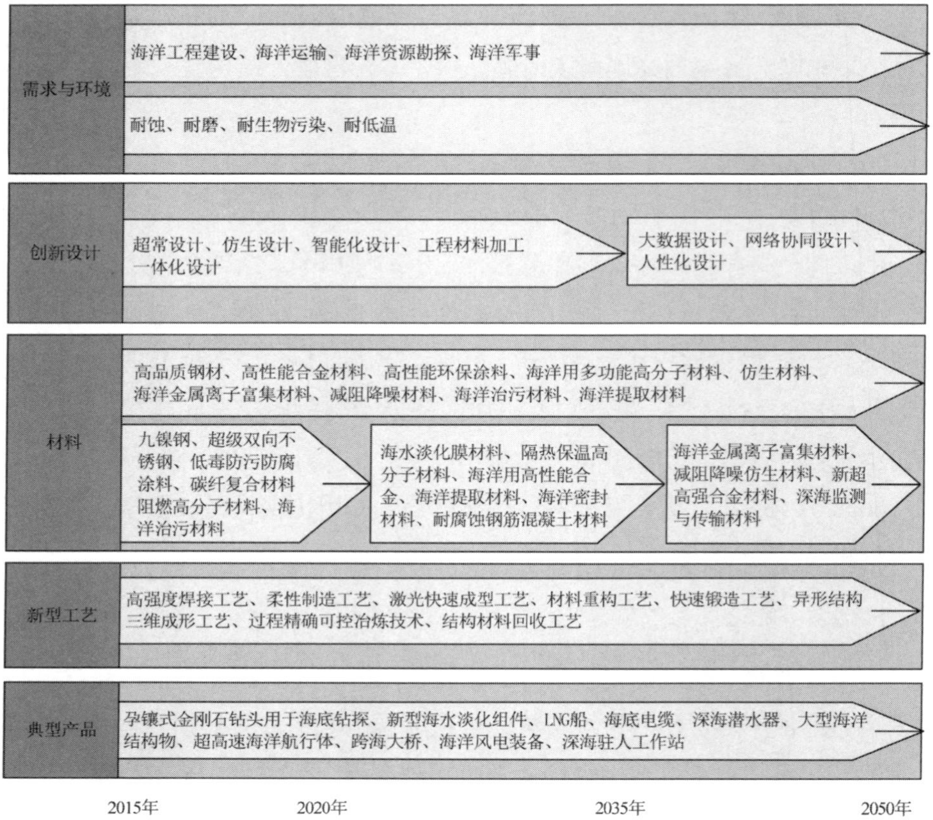

图 5.8　海洋工程材料创新设计路线

参考文献
REFERENCES

[1] 中国科学院先进材料领域战略研究组.中国至 2050 年先进材料科技发展路线图 [M]. 北京：科学出版社，2009.

[2] 中国科学院.中国学科发展战略：材料科学 [M]. 北京：科学出版社，2013.

[3] 中国科学院.科技发展新态势与面向 2020 年的战略选择 [M]. 北京：科学出版社，2013.

[4] 中国工程科技中长期发展战略研究项目组.中国工程科技中长期发展战略研究 [M]. 北京：中国科学技术出版社，2015.

[5] 国家自然科学基金委员会，中国科学院.未来 10 年中国学科发展战略：材料科学 [M]. 北京：科学出版社，2012.

[6] LEFTERI C. Materials for Design[M]. London: Laurence King Publishing, 2014.

[7] 冀志宏.2014 年中国新材料产业发展回顾与展望 [J]. 新材料产业，2015，2：76-77.

[8] 工业和信息化部原材料工业司.中国新材料产业年度发展报告（2013）[M] 北京：电子工业出版社，2013.

[9] MICHAEL F A. Materials and Design: The Art and Science of Material Selection in Product Design[M]. Third Edition. Oxford: Butterworth-Heinemann, 2014.

[10] 师昌绪.关于构建我国"新材料产业体系"的思考 [J]. 工程研究 - 跨学科视野中的工程，2013，1：5-11.

[11] 左铁镛.21 世纪的轻质结构材料——镁及镁合金发展 [J]. 新材料产业，2007, 12: 22-26.

[12] 苏鸿英.日本镁市场概况 [J].世界有色金属,2009,5:51.

[13] 都有为.应重视自旋电子学及其器件的产业化 [N/OL].(2015-06-03). http://www.docin.com/p-553470921.html.

[14] 豆丁.蓝宝石研究报告 [P/OL].(2014-09-26).http://www.docin.com/p-30 0422764.html.

[15] 美迪西生物医药.全球及中国生物医药行业竞争格局 [Z/OL].(2015-08-25).http://www.medicilon.com.cn/hang-ye-zi-xun/201622494413.shtml.

[16] 奚廷斐.生物医用材料现状和发展趋势 [J].中国医疗器械信息,2006,12(05):1-3.

[17] 师昌绪.我国生物材料科技前进的脚步 [Z/OL].(2015-05-26).http://tech.gmw.cn/2005-08/16/content_289681.htm.

[18] Beer F. Mechanics of Materials[M]. New York: McGraw-Hill, 2011.

[19] 蒋利军,张向军,刘晓鹏,等.新能源材料的研究进展 [J].中国材料进展,2009,28(7-8):50-55.

[20] 中国经济网.太阳能发电科技发展"十二五"专项规划 [Z/OL].(2015-12-08).http://www.ce.cn/cysc/ny/zcjd/201302/01/t20130201_21331840.shtml.

[21] 万德田,王艳萍.极端环境下的陶瓷材料力学性能评价技术及装置 [J].中国建材,2014,12:104-108.

[22] 豆丁.航空航天热固性塑料 [Z/OL].(2015-02-13).http://www.docin.com/p-491353648.html.2014-06-25.

[23] 豆丁.钢结构的腐蚀与防护 [Z/OL].(2014-10-22).http://www.docin.com/p-343825126.html.

[24] 万冰华,费敬银,王磊,等.复合牺牲阳极材料的研究与应用 [J].热加工工艺,2010,39(16):96-98.

[25] 马莉,莫新学,袁文,等.环氧云铁防腐涂料的应用进展 [C].全国耐蚀金属材料第十三届学术年会论文集,2014:187-192.

第6章

材料创新设计发展与展望

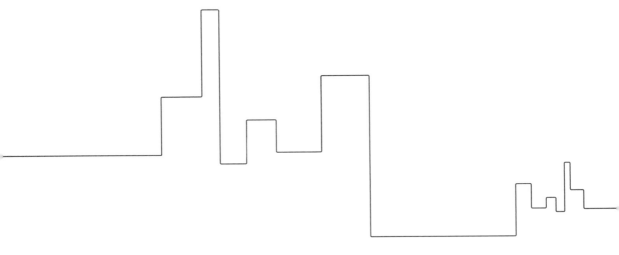

6.1　国际材料创新设计发展状况

在人类社会向知识网络时代迈进的过程中，创新设计是解决全球经济社会可持续发展问题，进一步解放社会生产力，满足人类对更高生活品质与健康需求的关键支撑。在此背景下，创新设计、材料、先进制造三者之间已经难以相互割裂，知识创新、信息大数据在创新设计的发展过程中将扮演极为关键的角色。近十年来，美、欧、日、韩等工业化国家将新材料、先进制造相关的创新技术、基础设施建设与人才培养置于关键位置，并出台了一系列发展战略与支持政策。这些措施将以前所未有的方式加速材料设计的更新、升级与创造，产生全新的产品生产方法与制造体系，这都将有利于激活创新设计活力，推动创新设计发展，培养新一代创新设计人才，是我国在发展创新设计、提升材料创新和改变传统制造业体系所必须关注的。

6.1.1　美国：建设国家制造业创新网络、实施材料基因组计划

美国奥巴马政府非常重视美国制造业的振兴，但其着眼点不是传统制造业的复兴，而是新兴制造业的培育。为促进制造业科技创新和成果转化，联邦政府宣布组建国家制造业创新网络（National Network for Manufacturing Innovation，NNMI）。创新网络的概念源自德国"弗劳恩霍夫模式"（一般而言，"弗劳恩霍夫模式"体现的是"政府＋企业"模式，通过合同形式从企业和公共科研委托项目取得 70% 的资金，剩余 30% 来自德国联邦政府和各州政府的基础性经费支持），但 NNMI 更倾向于"学术界（包括大学、社区学院）＋企业"的模式。2013 年 1 月，美国国家科学技术委员会发布《国家制造业创新网络：初步设计》[1] 报告，制定了 NNMI 及其主要组成单元——制造业创新研究所的资金来

源、管理机制和运行模式等，确立为非营利组织，合作伙伴包括行业企业、研究机构、培训组织和政府部门等，在联邦政府提供 5～7 年的资金支持后自负盈亏。NNMI 计划初期建设 15 家制造业创新研究所，截至 2016 年 4 月，8 家已开始运行，还有若干家正在开展单位或主题招标。这 8 家中有一家是 2014 年设立的"数字制造与设计研究所"，该研究所将利用数字化设计技术对制造业进行改造，它的设立将充分利用美国在软件方面的优势，开发集设计、开发与生产于一体的复杂系统，加快产品从实验室到商业化的过程，降低成本，缩短生产周期。表 6.1 是目前美国制造业创新研究所的建设概况。

表 6.1　美国制造业创新研究所建设概况

	聚焦领域	关注的材料创新	总部所在地	联盟领衔机构	成立时间
1	增材制造	3D打印用材料等	俄亥俄扬斯敦	国防制造加工中心	2012.8
2	下一代电力电子	GaN、SiC基宽带隙半导体电力电子器件化等	北卡罗来纳罗利	北卡州立大学	2014.1
3	轻质现代金属	开发新一代轻质金属及合金等	密歇根底特律	爱迪生焊接研究所	2014.2
4	数字制造与设计	数字化制造与设计	伊利诺伊芝加哥	UI LABS*	2014.2
5	先进复合材料	碳纤维和玻纤复材制造过程更低成本、更节能等	田纳西诺克斯维尔	田纳西大学	2015.1
6	集成光子学	晶圆制造与测试、非线性光学材料、光存储材料等	纽约罗彻斯特	纽约州立大学	2015.7
7	柔性混合电子器件	导电活性油墨和浆料、柔性可拉伸基材等	加利福尼亚圣何塞	柔性技术联盟	2015.8
8	变革性纤维及纺织技术	纤维、纺织品与功能器件的结合等	马萨诸塞剑桥	麻省理工学院	2016.4
9	智能制造			正在招标	

*UI LABS，即 UI 实验室，UI 代表"大学＋工业"，通过创建一个平台，汇集来自大学和工业的顶尖人才，促进合作；UI 实验室致力于利用数字技术改造工业，解决关键技术和产品的商业问题。
来源：自行整理．

"材料基因组计划"（materials genome initiative，MGI）启动于 2011 年 6 月，通过高通量材料计算、高通量材料合成和检测实验以及数据库的技术融合与协同，旨在加快新材料从发现、创新、制造到商业化的步伐，使材料研究、开发方式从完全"经验型"向理论"预测型"进行转变，试图把新材料的开发周期缩短一半。2014 年 12 月，美国国家科学技术委员会发布《材料基因组计划战略规划》[2]，以进一步推动该计划的实施。规划明确了四大机遇关键领域，并提出了 22 项联邦机构将采取的里程碑性质的具体行动。2015 年 10 月，美国国家经济委员会联合科技政策办公室发布《国家创新战略》，涉及了制造业创新网络、材料基因组创新技术的发展。

"材料基因组计划"启动以来，获得了美国材料界的积极响应，取得了较快的进展。联邦政府、地方政府、大学、企业累计投入经费已超过 5.5 亿美元，建立 MGI 协同创新中心逾 20 个，签署大型协同创新合作计划近 10 项。国防部强调，集成计算材料工程（integrated computational materials engineering, ICME）对未来作战系统的负担能力和长期计算创新来说非常重要。能源部的材料基因组活动集中在科学办公室、能源效率和可再生能源办公室、化石能源办公室等，国家核安全管理局和先进能源研究计划署（ARPA-E）也有涉及。2016 年 2 月，能源部启动"能源材料网络"建设，将围绕清洁能源行业从早期研发到制造各个阶段所面临的最迫切的材料挑战问题，通过以国家实验室为基础组建的联盟来加速创新[3]。国家航空和航天局重点关注极端环境下运载火箭和其他基础设施的材料。商务部国家标准与技术研究院对先进材料研究中心开展资助，如 2013 年底设立的分级材料设计中心[4]。国家科学基金会启动"设计材料以革新和设计我们的未来"计划[5]、"材料创新平台"[6]等。此外，美国国防部先进研究计划局（Defense Advanced Research Projects Agency, DARPA）近年来也相继资助开展了一系列有关"材料设计"的项目计划（见表 6.2）。

表 6.2 "材料设计"项目计划

	项目计划名称	启动时间	研究目标及成效
1	微结构可控材料（MCMA）	2009	通过设计材料的微结构以增强材料结构强度，创造新性能。2011年"最轻金属镍气凝胶"即为该项目资助取得的成果，体现了分级设计的思想[7]。
2	从原子到产品（A2P）	2014	创建全新类别材料，在所有尺度上展现纳米级属性。可能带来超越现有水平的材料、工艺和器件的小型化能力，以及在更小的尺寸上制出三维产品和系统等[8]。
3	能量转化材料（MATRIX）	2015	开发可直接运用的新型能量转换材料，并改进利于新材料设计的创新建模和仿真工具[9]。

6.1.2 欧盟及其成员国：启动面向未来创新设计计划、实施"冶金欧洲"计划

高度重视创新政策是近些年来欧盟政策发展的一个新特点，创新政策已成为连接教育、工商业和研究等传统领域的一种新的政策。2011年，欧盟设计领导力委员会制定了《欧洲非技术性创新与用户创新联合计划》，颁布了《为发展和繁荣而设计》纲要。2013年，该委员会面向未来创新设计启动"设计政策评价""分享体验欧洲""设计管理基金""设计价值评估""面向 Living labs 的整合设计"五大战略计划。该计划明确提出未来20年间欧盟在设计创新领域面临着三大挑战：如何有效地在全球化视野下深度定位和发展欧洲创新设计战略；如何将创新设计融入欧洲合作开放创新体系，以造福企业、公共部门和全社会；如何提供足够的公共资金以提高欧洲公民设计素质，建立欧洲设计竞争力评价和促进体系。立足新产业革命的挑战和机遇，欧盟致力打造出欧洲设计在世界舞台上的特质，并以设计创新支持有竞争力的中小企业快速发展，促进欧洲经济的快速增长与繁荣。

作为接替欧盟第七科研框架计划的"地平线2020"计划（2014—2020）[10]预算总额约为770亿欧元，其主要目的依旧是整合各成员国的科研资源，提高科研效率，促进科技创新，推动经济增长和增加就业。该计划也是一项中期重大科研规划，几乎涵盖了欧盟的所有科研项目，主要包括基础研究、应用技术和人类面临的共同挑战三大领域。其中，涉及材料创新设计在内的基

础研究方面的经费约为 250 亿欧元，开展高质量的前沿科技研究，支持在具有前景的基础研究新领域开展科技研究和创新合作；应用技术方面的经费约为 170 亿欧元，具体包括信息技术、纳米技术、新材料技术、生物技术、先进制造技术和空间技术等领域。

欧盟不仅高度重视科技的创造发明，而且更重视科技的产业化，把科技与经济的结合作为其科技创新政策的主旋律。这集中反映在"尤里卡计划"集群中。2014 年 9 月，一项为期 7 年、投资达 10 亿欧元的"冶金欧洲"计划被纳入尤里卡集群正式启动，参与者包括 185 家企业和研究机构[11]。该计划的目标是开发包括金属化合物、合金、复合材料、超导体和半导体等在内的一系列新材料，并确立了未来对金属、合金和金属基复合材料的 17 项需求，列出了材料发现，创新设计、金属加工和优化，冶金基础理论三大类 50个研究主题。其中，在创新设计方面，提出粉体制备的新型冶金方法，基于激光、电子束或等离子弧的添加制造方法，基于低成本、环保材料的添加制造工艺，添加制造加工方法学和新设计规则的建立等。

6.1.2.1 德国

德国近几年陆续推出了《德国高科技战略》（2006 年）、《思想 · 创新 · 增长——德国 2020 高科技战略》（2010 年）[12]、《德国高科技新战略》（2014 年）等，涉及从基础研发到技术创新到商业推广全过程各领域、与创新活动相关的各方面。在这些宏观战略中，都涉及材料的创新设计。如《思想 · 创新 · 增长——德国 2020 高科技战略》五大战略领域之一的交通领域拟开展国家航空研究计划，包括新的轻型结构、驱动技术中的可替代燃料和空气动力学等。此外，生物技术、纳米技术、微电子学和纳米电子学、光学技术、微系统技术、材料技术、生产技术、服务研究、航空技术以及信息通信技术等关键技术也是战略重点。

2013 年，德国政府在《德国工业 4.0 战略》中，把适应网络智能制造的软件、系统等创新设计作为关键环节。工业 4.0 的创新触角延伸到用户端，将联系所有参与用户、物体和系统，推动工业创新从生产范式到服务范式的转变，抢占智能制造与创新设计一体化融合的产业竞争制高点。

6.1.2.2 英国

2011 年 12 月，英国政府发布了《促进增长的创新与研究战略》[13]，对未来的创新与研究发展做了全面部署，提出了五方面（发现与开发、创新型企业、知识和创新、全球合作、政府创新挑战）的举措。具体到材料领域，英国新材料战略[14] 则聚焦于复合材料，由技术战略委员会设立的"复合材料大挑战"项目关注其制造技术的创新，涉及五个主题：能耗降低、自动化、工艺时间缩短、材料和可持续性。

英国政府意识到实体制造业对稳固整体经济发展的重要性后，提出了"高价值制造"战略，通过一系列政策和资金扶持以实现设计重振"高价值制造"战略计划。所谓"高价值制造"，是指应用先进的技术和专业知识，创造能为英国带来持续增长和高经济价值潜力的产品、生产过程和相关服务。英国政府推出了系列资金扶持措施，保证高价值制造成为英国经济发展的主要推动力，促进企业实现从设计到商业化整个过程的创新：①在高价值制造创新方面的直接投资翻番，每年约 5000 万英镑。②重点投资那些能保证英国在全球市场中占据重要地位的技术和市场。③使用 22 项"制造业能力"标准（包括能源效率、制造过程、材料嵌入、制造系统和商业模式五大方面）作为投资依据，衡量投资领域是否具有较高的经济价值。④投资高价值制造创新中心（HVM Catapult），为需要进行全球推广的企业提供尖端设备和技术资源。⑤开放知识交流平台，包括知识转化网络、知识转化合作伙伴、特殊兴趣小组、高价值制造创新中心等，帮助企业整合最佳创新技术，打造世界一流的产品、过程和服务。

6.1.2.3 法国

2009 年 7 月，法国高等教育与研究部发布《法国国家研究与创新战略》（2009—2012），确定了 3 个优先研究的领域：①健康福祉、食品和生物技术相关领域；②环境、自然资源、气候生态、能源、交通运输相关领域；③信息通信、互联网、计算机软硬件、纳米技术相关领域，均与材料相关[15]。2013 年 9 月，法国政府推出了为期十年的《新工业法国》战略，旨在通过创新重塑工业实力，使法国处于全球工业竞争力第一梯队。该战略主要解决能源、数字革命和经济生活三大问题，共包含 34 项具体计划，其中，新型电池、绿色材料等就涉及了材料创新设计的范畴。

6.1.3　日韩：注重发展模式的转变

6.1.3.1　日本

日本在材料创新设计方面也部署了相关的工作，文部科学省、经济产业省等机构开展了一系列的战略计划。日本在"第二期科技基本计划"（2001—2005）和"第三期基本科学计划"（2006—2010）中，都将纳米技术与材料列为研发重点领域之一。其中，就涉及纳米建模与模拟。2009 年，文部科学省和经济产业省共同发布"分子技术战略"，主要研究方向包括电子状态控制、形态结构控制、集成和合成控制、分子离子传输控制、分子变换技术、分子设计与创造技术等[16]。

2009 年底，日本文部科学省发布《日本中长期科技发展战略》，提出未来要将科技政策转化为创新政策，依靠系统的创新政策体系，构筑更趋完善的国家创新机制[17]。2010 年 6 月，日本政府发布《日本产业结构展望 2010》[18]，报告以新成长战略为指导，对机器人、航空、航天、生物医药等重要战略领域具有基础材料支撑作用的高温超导、纳米、功能化学、碳纤维、IT 等新材料相关尖端产业的发展战略中，突出强调全面和整体发展，提出了强化和提高产业技术国际竞争力的战略目标。

6.1.3.2　韩国

韩国优先发展高新技术与产业，科技政策的重点向技术创新倾斜。早在1999 年，韩国政府就推出了 21 世纪前沿研发计划，其愿景是发展和保证在信息技术、生物工程、纳米技术和新材料这些战略性领域的尖端科学技术。2009 年，韩国出台的"世界一流材料"（world premier materials，WPM）项目，计划至 2018 年拿出 8.64 亿美元，重点支持 10 类高需求、高增长的核心材料技术领域[19]。

金融危机之后，针对韩国家族企业驱动型经济模式暴露出的弱点，韩国政府在鼓励其调整治理结构的同时，强调"从模仿创新模式到原始创新模式"的转变。2013 年初，韩国总统朴槿惠提出"创造经济（creative economy）"发展战略新思路，计划将科技、信息通信技术应用到全部产业上，促进产业与产业、产业与文化之间的结合，推动新产业发展。其中，在五大战略之一的构建生态系统方面，提出了包括未来材料技术在内的十大创造型新产业项目[20]。

6.1.4　俄罗斯：出台新的材料科技发展战略

2012 年，俄罗斯全俄航空材料研究所与各部、部门和研究所及行业企业合作制定了 2030 年前材料与技术发展战略[21]。该战略是新的国家材料与技术计划的一部分，包括有 18 个主要战略方向（其中 80% 用于现代化发动机），将研发新型材料与全新材料以及用它们来制造任何构造的技术。俄罗斯新材料研发的基本策略可简述为：将新材料的研发与传统材料的有效使用相结合，在注重研发高新技术所需新材料的同时，优选更新现有一般技术所需要的材料，使新材料的研发做到有的放矢、重点突出、周期缩短、效果显著。俄专家认为，新材料发展的重要方向仍然是材料的复合化和多功能化。金属／金属、金属／非金属、碳／碳等复合材料在机械制造、军事技术等方面都具有较高的应用价值。

6.2　我国材料创新设计未来展望

基础材料、基础零部件／元器件、基础工艺、技术基础（简称"四基"）是制造业赖以生存和发展的基础。随着信息技术与制造技术的深度融合，"四基"的发展呈现出高端化、数字化、绿色化、标准化的新趋势。攻克一批关键基础材料、核心基础零部件／元器件、先进基础工艺及技术基础，是满足制造业发展的最基本要求。在这"四基"当中，材料是基础中的基础。为了更好地实施《中国制造 2025》，要努力发展三大类材料，为中国制造业转型升级切实做好支撑作用：

6.2.1　先进基础材料

先进基础材料是指具有优异性能、量大面广且"一材多用"的新材料，主要包括钢铁、有色金属、石化、建材、轻工、纺织等基础材料中的高端材料，对国民经济、国防军工建设起着基础支撑和保障作用。

基础材料产业是实体经济不可或缺的发展基础，我国百余种基础材料产量已达世界第一，但大而不强，面临总体产能过剩、产品结构不合理、高端应用领域尚不能完全实现自给等三大突出问题，迫切需要发展高性能、差别化、功能化的先进基础材料，推动基础材料产业的转型升级和可持续发展。

6.2.2　关键战略材料

关键战略材料主要包括高端装备用特种合金、高性能分离膜材料、高性能纤维及其复合材料、新型能源材料、电子陶瓷和人工晶体、生物医用材料、稀土功能材料、先进半导体材料、新型显示材料等高性能新材料，是实现战略新兴产业创新驱动发展战略的重要物质基础。

关键战略材料，是支撑和保障海洋工程、轨道交通、舰船车辆、核电、航空发动机、航天装备等领域高端应用的关键核心材料，也是实施智能制造、新能源、电动汽车、智能电网、环境治理、医疗卫生、新一代信息技术和国防尖端技术等重大战略需要的关键保障材料。目前，在国民经济需求的百余种关键材料中，约三分之一国内完全空白，约一半性能稳定性较差，部分产品受到国外严密控制，突破受制于人的关键战略材料，具有十分重要的战略意义。

6.2.3　前沿新材料

革命性新材料的发明、应用一直引领着全球的技术革新，推动着高新技术制造业的转型升级，同时催生了诸多新兴产业。在发挥前沿新材料引领产业发展方面，我国的自主创新能力严重不足，迫切需要在 3D 打印材料、超导材料、智能仿生与超材料、石墨烯等新材料前沿方向加大创新力度，加快布局自主知识产权，抢占发展先机和战略制高点。

6.2.4 未来发展建议

通过拟采取的宏观建议与具体措施，展现未来我国材料科学领域在创新设计理念指导下实现材料研究、制造技术和创新设计的一体化发展前景。

6.2.4.1 将材料创新设计作为创新设计的一部分纳入国家创新驱动发展战略

在产品设计阶段，材料是结构形式和功能的载体，是设计的物质基础，没有材料，设计将永远停留在"创意"阶段，无法成为真正的设计。特别是现代社会，新材料的不断涌现，材料制备工艺的不断进步，为创新设计提供了无数新的可能性。同时，不断发展的设计理念对材料产生新的需求，也促进着材料的发展。二者的结合，必然会对产业升级转型，优化能源结构，提升国家安全，加速四化融合，推动"中国制造"向"中国创造"跨越发展起到积极的作用。创新是引领发展的第一动力，也是驱动制造大国向制造强国迈进的动力源泉，为了更好更快地实现制造强国建设"三步走"战略，有必要将材料创新设计作为创新设计的一部分纳入国家创新驱动发展战略，明确材料在创新设计战略中的任务和目标，强化材料创新和创新设计在《中国制造 2025》重塑工业转型发展新引擎的重要地位。

6.2.4.2 构建材料基因创新设计平台

材料基因组的基本理念是通过高通量自动流程计算，探索物质或材料最底层要素（化学元素及其组合，结构单元及其构建）及其协同调控物性的机制或规律，进行高通量集成计算与多层次材料设计，基于高通量计算与实验构建材料设计数据库及信息数据库开展高通量材料组合设计实验。构建材料基因创新设计平台，通过实验技术、计算技术和数据库三大平台之间的写作和共享，从材料的"基本单元"和"组装"入手，探索材料的成分—组织—性能之间的定量关系，最终达到降低新材料研发成本，缩短研发周期的目标。建议结合国家现有材料专项，梳理现有材料，结合先进搜索技术和相关信息挖掘算法，结合云计算环境和云资源管理，建立一个包括材料基础数据、材料使役性能、材料应用规范和标准、材料应用工艺、材料验收条件、材料检验方法、新材料应用案例，国内主要材料研发、生产、检验、应用单位数据在内的规范而有序的设计材料数据库，以便于设计人员快速、高效地获取所需材料信息、合理选择、资源共享。设计材料数据库将在设计人员、材料研发者、材料生产者、终端用户之间起到互通有无的作用。对于该数据库的建立可以采取"委托建设＋资金补助"的方式，选择有条件的单位，授牌并支持部分资金用于数据库建设。而对于已用的数据库，可以设计激励机制，鼓励数据共享。

6.2.4.3　突破材料创新需要的关键技术工艺和装备

人类历史的发展表明，材料是社会发展的物质基础和先导，而新材料则是社会进步的里程碑，新材料技术成果的取得与其技术创新方法高度关联。重视对科研方法和技术创新手段的研究，是提高我国新材料产业科学技术水平和自主创新能力的重要基础性工作。建议对在研的国产碳纤维快速热压成型关键技术研究、MDI 副产氯化氢氧化制氯可循环系统集成技术开发及示范等一批支撑计划项目，"863"计划、"973"计划等各类科技计划项目进行配套支持。二是对设计、研发或应用材料关键技术工艺和装备的材料创新团队建设进行重点支持。三是设立国际合作项目，促进企业、高校院所联合国际创新人才协同创新。另外，还设立了专门的资金对获得国内授权的发明专利、实用新型专利，以及涉外授权的发明专利、实用新型专利和工业品外观设计，进行专利资助。同时，对专利示范企业和专利代理机构也进行资助，促进了技术创新。

6.2.4.4　加强新材料创新人才的培养

设计人员应具备的技能之一就是具备丰富的材料和工艺方面的知识。一直以来，如何使学生正确掌握设计材料的基本知识并能在设计中合理充分运用的材料教学属于设计教育中极为重要的一部分。然而，我国目前设计教育中材料教学的现状，无论从教学方式还是教学设施上都存在不足之处。例如，工业设计专业中的材料与加工课程，偏重于对抽象概念的描述，且教材内容过于陈旧，跟不上新材料新工艺的发展步伐，导致学生在选材和加工工艺方面的知识非常薄弱。时至今日，材料学已经成为工业设计教育的短板，具有创新能力的材料设计人才更是短缺。因此，建议各大学、研究院所等单位，从改革本科生、研究生课程设置入手，强化设计中的材料教学，面向国家战略需求和新产业的革命挑战，不断更新知识体系，创新信息时代下的教学模式，促使学生掌握新材料的性能、加工工艺与应用案例，培育具有创新能力的材料设计人才，与材料研发单位和材料生产单位建立联络机制，让设计专业的学生在实践中亲身参与到材料的选材设计与整体结构设计中去。此外，还需要深化教育改革，尤其是有关设计和材料学科的工程与职业教育改革，加强设计和材料技术与产业创新创业人才培养。

6.2.4.5 深化新材料和创新设计的融合

受材料、技术和装备的制约，我国工业发展总体水平处在国际制造业产业链的低端，我国制造业的最大特点就是大而不强，产能过剩，发展方式粗放，高端产品滞后，资源能源环境的约束问题日益突出，转型升级的压力巨大。新材料产业是高端装备制造业的支撑和保障，新材料的生产也是制造业的重要组成部分。新能源、节能环保、新一代信息技术、生物、高端装备制造、新能源汽车等战略性新兴产业的发展往往取决于关键材料的突破。随着基础工艺、基础材料、基础元器件研发和系统集成水平的不断提升，重大技术成套装备研发和产业化程度将不断提高，高端制造产品朝着智能化方向发展。

6.2.4.6 建立一批材料创新和创新设计融合的中心

结合地方、企业、高校、科研院所的发展规划，充分调动各方资源，在现有产业园的的基础上，加强区域和行业的协调，从完善创意设计产业链和优化资源配置出发，进行规划和整合，以园中园的形式共同建设一批囊括材料产业、设计产业以及制造产业在内的材料创新设计融合中心。其任务主要是：①为相关单位提供优秀的载体和空间，特别是设立开放的人际交流空间，为各类人员提供交流、碰撞的平台，建立完善的材料—设计—制造的创新设计产业链条，进一步提升现有园区发展品质，促进相关产业的集聚和快速发展，以充分发挥其以点带面的示范、推广和辐射作用；②选择具有重大战略意义、关系国计民生、市场前景广阔的新材料品种，鼓励材料方、设计方、制造方联合实施应用示范，支持方式可以采取"项目申报 + 资金补助"的形式，由工信部门、科技部门及发改委组织对项目进行审核，对通过项目审核的项目给予一定的专项经费支持，同时建立支持新产品推广应用的金融综合服务机制。此外，相关部门也可以通过梳理现有的相关政策，形成可操作的激励机制，鼓励设计人员在创新设计过程中优先使用新材料。

6.2.4.7 打造有利于材料创新设计发展的环境

政府应该持续加强对相关基础前沿研发的支持，建设支持设计与材料创新的基础共性技术、技术创新和大数据等支撑服务平台。在注重发展智能制造装备、智能机器人、智能制造系统设计、关键材料创新与服务的同时，必须强化基础。着力创新发展先进传感、IC、智能传动控制等基础件、基础材料、基础工艺技术，创新发展支持设计制造、运行管理、营销服务和材料技术创新与工程化的基础软件、操作系统、工具和应用软件。此外，政府还应该创造以企业为主体，市场为导向，更加有效的产学研合作，构建更好的设计与材料创新国际交流合作环境和网络。

6.2.4.8 创办设计材料学学术期刊

作为材料数据库的补充，可以创办设计材料学学术期刊，其内容可以包括：最新材料信息的发布，新材料应用案例研究，创新设计的手段、工具、方法，设计领域对于材料的新需求、国家相关政策导向与规划等方面的内容。

参考文献
REFERENCES

[1] NIST. NSTC releases planned design for manufacturing innovation network[Z/OL]. (2013−01−24). http://www.nist.gov/director/nnmi-012313.cfm# .

[2] A Strategy to Accelerate Cutting−Edge Materials Innovation[Z/OL]. (2014−12−04). http://www.whitehouse.gov/blog/2014/12/04/strategy-accelerate-cutting-edge-materials-innovation.

[3] Whitehouse. Accelerating Materials Development for a Clean−Energy Future[Z/OL]. (2016−02−24). https://www.whitehouse.gov/blog/2016/02/24/accelerating-materials-development-clean-energy-future.

[4] NIST. NIST Announces New Center for Materials Research to Advance Manufacturing and Innovation[Z/OL]. (2013−12−03). http://www.nist.gov/mml/coe-120313.cfm#.

[5] NSF.Designing Materials to Revolutionize and Engineer our Future[Z/OL]. (2015−05−26). http://www.nsf.gov/pubs/2015/nsf15608/nsf15608.htm.

[6] NSF.Accelerating discovery in materials science[Z/OL]. (2016−03−04). http://www.nsf.gov/news/news_summ.jsp?cntn_id=137877&org=NSF&from=news.

[7] HRL Laboratories, L L C. HRL Researchers Develop World's Lightest Material[Z/OL]. (2011−11−17). http://www.hrl.com/hrlDocs/pressreleases/2011/prsRls_111117.html.

[8] DARPA. Atoms to Product:Aiming to Make Nanoscale Benefits Life-sized[Z/OL]. (2014−08−22). http://www.darpa.mil/NewsEvents/Releases/2014/08/22.aspx.

[9] DARPA.Developing New Materials for Energy Transduction[Z/OL]. (2015-01-07). http://www.darpa.mil/NewsEvents/Releases/2015/01/07. aspx.

[10] Horizon 2020. What is Horizon 2020?[Z/OL]. (2015-08-31). http:// ec.europa.eu/programmes/horizon2020/en/what-horizon-2020.

[11] Metallurgy Europe programme recommended by European Science Foundation's MatSEEC committee selected as a new EUREKA Cluster[Z/ OL]. (2014-12-23). http://www.esf.org/highlights/metallurgy-europe-initiative.html.

[12] IDEEN. Innovation. Wachstum. Hightech-Strategie 2020 für Deutschland[Z/ OL]. (2015-03-22). http://www.hightech-strategie.de/index.php.

[13] Department for Business Innovation & Skills. Innovation and Research Strategy for Growth[Z/OL]. (2015-07-26). http://www.bis.gov.uk/assets/biscore/ innovation/docs/i/11-1387-innovation-and-research-strategy-for-growth.pdf.

[14] Department for Business Innovation & Skills. The UK Composites Strategy [Z/OL]. (2015-05-25). https://compositesuk.co.uk/system/files/documents/ UK% 20Composites%20Strategy.pdf.

[15] 黄健.法国材料战略的回顾与趋势分析[J].新材料产业,2014,2: 63-68.

[16] 日本科学技术振兴机构研究开展战略中心.分子技术战略——分子水平新功能 创造 [Z/OL]. (2016-03-12). http://crds.jst.go.jp/output/pdf/09sp06s.pdf.

[17] MEXT. Towards a Comprehensive Strategy of Science and Technology for the Midium-to-Long Term[Z/OL]. (2015-08-31). http://www.mext.go.jp/ english/science-technology/1316764.htm.

[18] Federal Ministry of Education and Research. Ideas, innovation, prosperity. high-tech strategy 2020 for Germany[Z/OL]. (2015-10-23). http://www. bmbf.de/pub/hts_2020_en.pdf.

[19] The Korea Times. Korea to Invest $864 Mil. in 10 Key Materials[N/

OL].(2013−11−18).http://www.koreatimes.co.kr/www/news/
biz/2010/10/128_55557.html.

[20] 梁慧刚，黄可 . 韩国创造经济浅析 [J]. 新材料产业，2015，6：16−19.

[21] 科技部 . 俄罗斯材料科学发展新战略 [Z/OL]. (2012−05−11). http://www.
most.gov.cn/gnwkjdt/ 201205/t20120510_94268.htm.

索 引
INDEX

C

材料基因组　　　　　　17，167，169，176

材料设计　　　　　　　17，67，160，167-169，176，178

超常环境材料　　　　　151，156

传统设计　　　　　　　7-9

创新人才　　　　　　　177

创新设计　　　　　　　3-5，16，23，65-69，72-78，81-84，
　　　　　　　　　　　91-92，104，108-111，121，127

创新设计路线图　　　　117，121，127，133，139，145，150-151，
　　　　　　　　　　　156-157

创新研制　　　　　　　89，91-95，103

F

发展建议　　　　　　　176

G

感知特性　　　　　　　24-26，32

高性能结构材料　　　　121-122，124，126

功能特性　　　　　　　24，38-39，57

H

海洋工程材料   120，157，161-162

环境材料   52，73，83

N

能源与环境材料   120，139，144-145

Q

轻量化材料   55，67，70，75

S

设计技术   92-93，137，155，168

生物医用材料   79，83，120，133-134，136-138

T

碳材料及其复合材料 83，120，145，150-151

推动作用   16-17，77

X

现代设计   7-8，11-14，16，93

新能源材料   54-55，69-71，139-140

信息材料   23，83，120，127，131，133

Z

制造   91，93-98，100-105，109，111

智能材料   50，65，74

资源经济性   24，51